中国地质调查成果 CGS 2024-020
宜昌市国家生态文明示范区综合地质调查研究系列丛书

支撑服务宜昌市沿江规划区生态文明示范建设自然资源图集

ZHICHENG FUWU YICHANG SHI YANJIANG GUIHUAQU SHENGTAI WENMING SHIFAN JIANSHE ZIRAN ZIYUAN TUJI

姜 华 刘亚磊 周丹坤 刘 磊 李梦茹 刘阿睢
王 允 阮恒丰 徐宏林 廖 金 张 鲲 章 昱 编著

中国地质大学出版社
ZHONGGUO DIZHI DAXUE CHUBANSHE

图书在版编目（CIP）数据

支撑服务宜昌市沿江规划区生态文明示范建设自然资源图集 / 姜华等编著. — 武汉：中国地质大学出版社，2024. 11. —
（宜昌市国家生态文明示范区综合地质调查研究系列丛书）.
ISBN 978-7-5625-5953-5

Ⅰ. X321.263.3-64；X372.633-64

中国国家版本馆CIP数据核字第2024U2B530号
审图号：宜昌市S（2024）008号

支撑服务宜昌市沿江规划区生态文明示范建设自然资源图集

姜 华 刘亚磊 周丹坤 刘 磊 李梦茹 刘阿睢
王 允 阮恒丰 徐宏林 廖 金 张 鲲 章 昱 **编著**

责任编辑：韦有福　　选题策划：韦有福　　责任校对：徐蕾蕾

出版发行：中国地质大学出版社（武汉市洪山区鲁磨路388号）　　邮政编码：430074
电　　话：（027）67883511　　传　　真：（027）67883580　　E-mail:cbb @ cug.edu.cn
经　　销：全国新华书店　　http://cugp.cug.edu.cn

开本：880mm×1230mm 1/8　　字数：247千字　　印张：7.75
版次：2024年11月第1版　　印次：2024年11月第1次印刷
印刷：中煤地西安地图制印有限公司　　印数：1—500册

ISBN 978-7-5625-5953-5　　定价：198.00元

前　言

党的十八大对生态文明建设做出了战略部署，党的十九大和二十大也都明确要求紧紧围绕建设美丽中国深化生态文明体制改革，加快建立生态文明制度，健全国土空间开发、资源节约利用、生态环境保护的体制机制，推动形成人与自然和谐发展的现代化建设新格局。

为充分发挥地质工作优势，更好地支撑服务宜昌市沿江规划区生态文明建设和自然资源管理、国土空间规划、用途管制和生态修复，自然资源部中国地质调查局组织有关单位，充分利用“宜昌市生态文明示范区综合地质调查”工程调查最新成果，同时系统地收集了宜昌市自然资源和规划局、宜昌市生态环境局等有关部门的土地、水、森林、草地、林地等调查监测数据，编制完成《支撑服务宜昌市沿江规划区生态文明示范区建设自然资源图集》。本图集以自然资源为主题，由自然地理与地质背景、矿产资源与清洁能源、水资源、土地资源、地质灾害、地质遗迹与自然保护区、资源环境承载能力与国土空间开发适宜性评价7个专题构成，共计46张图件，初步形成以下基本判断和认识。

一是宜昌市沿江规划区地表水资源较为丰富，主要补给来源为大气降水和地下水；地下水资源相对地表水资源较少，水质整体较好，主要污染源为生活污水污染和磷矿尾矿污染，其中以磷矿尾矿污染为主要污染源，故亟待开展矿山环境综合整治与生态修复工作，推进绿色矿山建设。

二是宜昌市沿江规划区自然历史文化景观资源丰富，形成了省级以上标准的地质遗迹资源共23处，多数分布于山地和长江及支流的交汇区域，包括“三峡地区埃迪卡拉动物群”世界级地质遗迹1处；宜昌市旅游景点也多沿长江流域分布，集中于中部秭归县、宜昌市夷陵区和西陵区等地，且沿长江流域分布有3个AAAAA级景区，具备推进生态文化产业发展的特色资源禀赋条件。

三是宜昌市沿江规划区G348大坝至城区沿线地质资源丰富，保存了地球从火球→雪球→水球三大演化阶段的珍贵地质遗迹，呈现了重大地质历史转折期生命演化事件的精彩记录，谱写了生命–环境协同演化的壮丽诗篇，形成了聚焦全球地质科学前沿、探索地球密码和生物进化、感受沧海桑田演变、普及地球科学知识的地质廊道，是交通、旅游、研学融合的样板通道。

四是宜昌市沿江规划区耕地面积约1 637.65 km^2，占沿江地区总面积的25.82%，水旱比为1.76∶1。沿江地区水资源总量大，但调节能力偏差，水旱灾害频繁，经常出现连丰连枯的现象，且水资源地域分布不均，西部山区水资源丰富，耕地面积少，东部平原丘陵区水资源较少，但耕地面积多，这些特点将影响土地资源的合理利用与保护。

本图集在自然资源部中国地质调查局指导下编制，具体由中国地质调查局武汉地质调查中心牵头，联合北京地质矿产研究院、中国地质大学（武汉）等单位共同完成。在编制过程中，宜昌市人民政府、宜昌市自然资源和规划局、宜昌市生态环境局、湖北省地质局第七地质大队、湖北省地质调查院、中国地质环境监测院、中国地质大学（北京）、武汉华信科技技术有限公司、湖北省地质局水文地质工程地质大队、湖北省生态环境科学研究院等相关单位给予了相关资料及技术支撑，在此表示感谢。

由于图集内容涉及面广，信息量大，受时间、编著者水平和经验限制，图集中难免存在不妥之处，敬请批评指正。

编著者

2024年5月

目　录

地理底图图例

地级行政中心

县(市、区)级行政中心

乡镇（街道）级行政中心

高速铁路

在建高速铁路

隧道

铁路

650 高速公路及编号

S64 在建高速公路及编号

G318 国道及编号

在建国道

省道

省级界

地级界

县界

乡镇界

工作区范围界

常年河及湖泊

1 自然地理与地质背景

1.1 遥感影像图

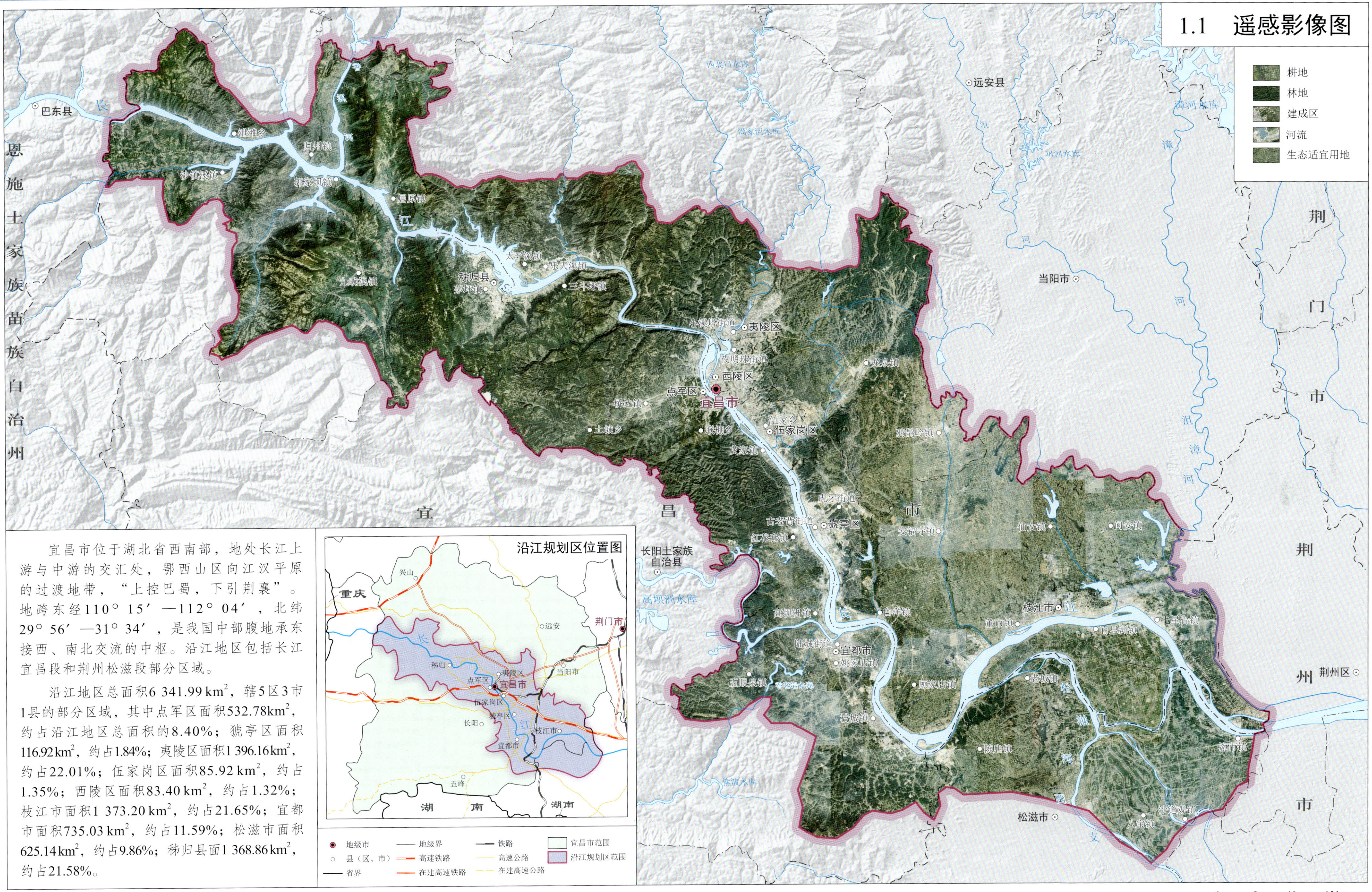

宜昌市位于湖北省西南部，地处长江上游与中游的交汇处，鄂西山区向江汉平原的过渡地带，“上控巴蜀，下引荆襄”。地跨东经110° 15′—112° 04′，北纬29° 56′—31° 34′，是我国中部腹地承东接西、南北交流的中枢。沿江地区包括长江宜昌段和荆州松滋段部分区域。

沿江地区总面积6 341.99 km^2，辖5区3市1县的部分区域，其中点军区面积532.78km^2，约占沿江地区总面积的8.40%；猇亭区面积116.92km^2，约占1.84%；夷陵区面积1 396.16km^2，约占22.01%；伍家岗区面积85.92 km^2，约占1.35%；西陵区面积83.40 km^2，约占1.32%；枝江市面积1 373.20 km^2，约占21.65%；宜都市面积735.03 km^2，约占11.59%；松滋市面积625.14km^2，约占9.86%；秭归县面1 368.86km^2，约占21.58%。

资料来源：中国地质调查局遥感数据（2020年）。

1.2　地势图

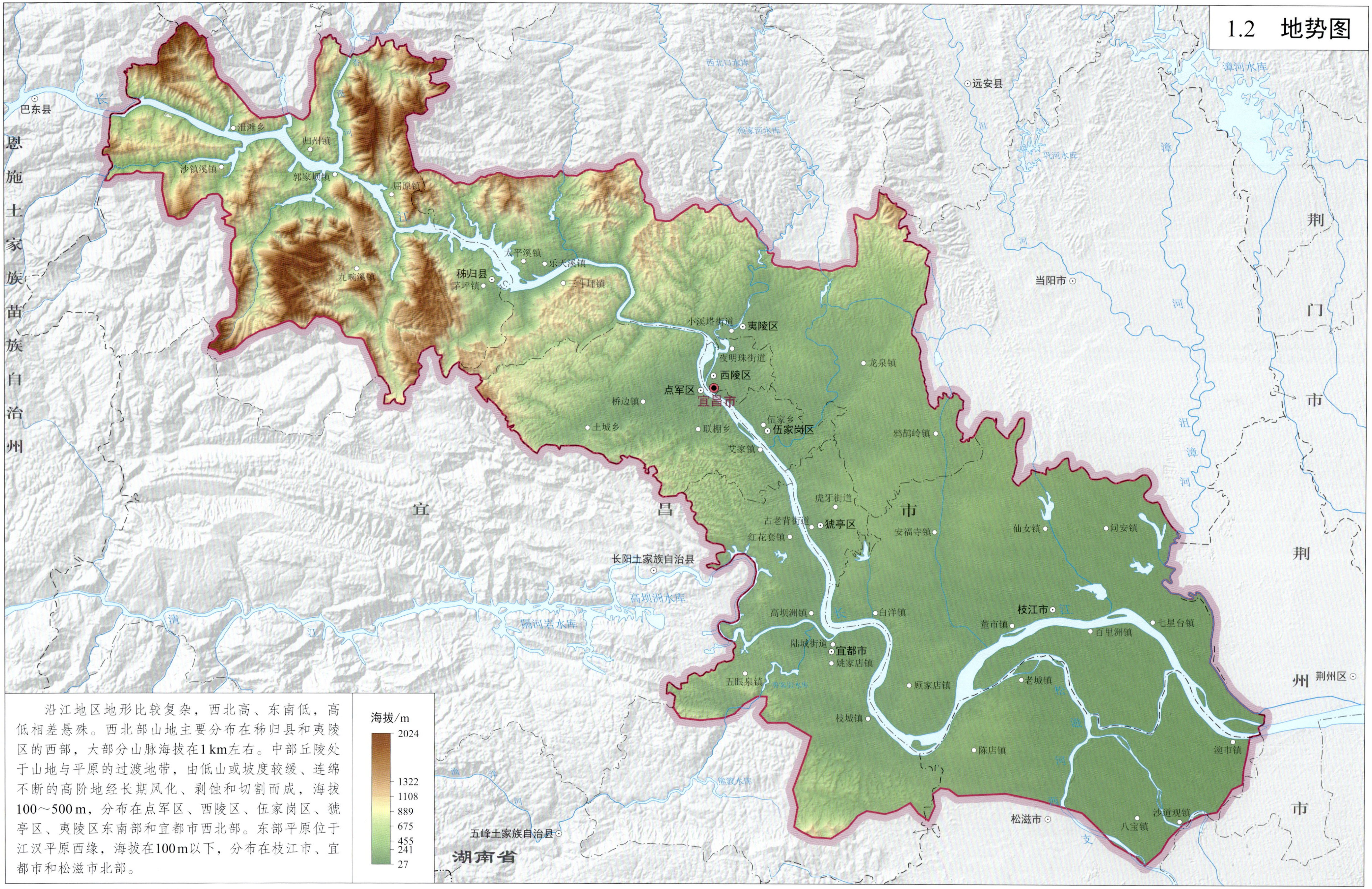

沿江地区地形比较复杂，西北高、东南低，高低相差悬殊。西北部山地主要分布在秭归县和夷陵区的西部，大部分山脉海拔在1 km左右。中部丘陵处于山地与平原的过渡地带，由低山或坡度较缓、连绵不断的高阶地经长期风化、剥蚀和切割而成，海拔100～500 m，分布在点军区、西陵区、伍家岗区、猇亭区、夷陵区东南部和宜都市西北部。东部平原位于江汉平原西缘，海拔在100 m以下，分布在枝江市、宜都市和松滋市北部。

海拔/m：2024、1322、1108、889、675、455、241、27

资料来源：中国地质调查局遥感数据解译。

1∶500 000　0　5　10　15 km

1.3 地形地貌分区图

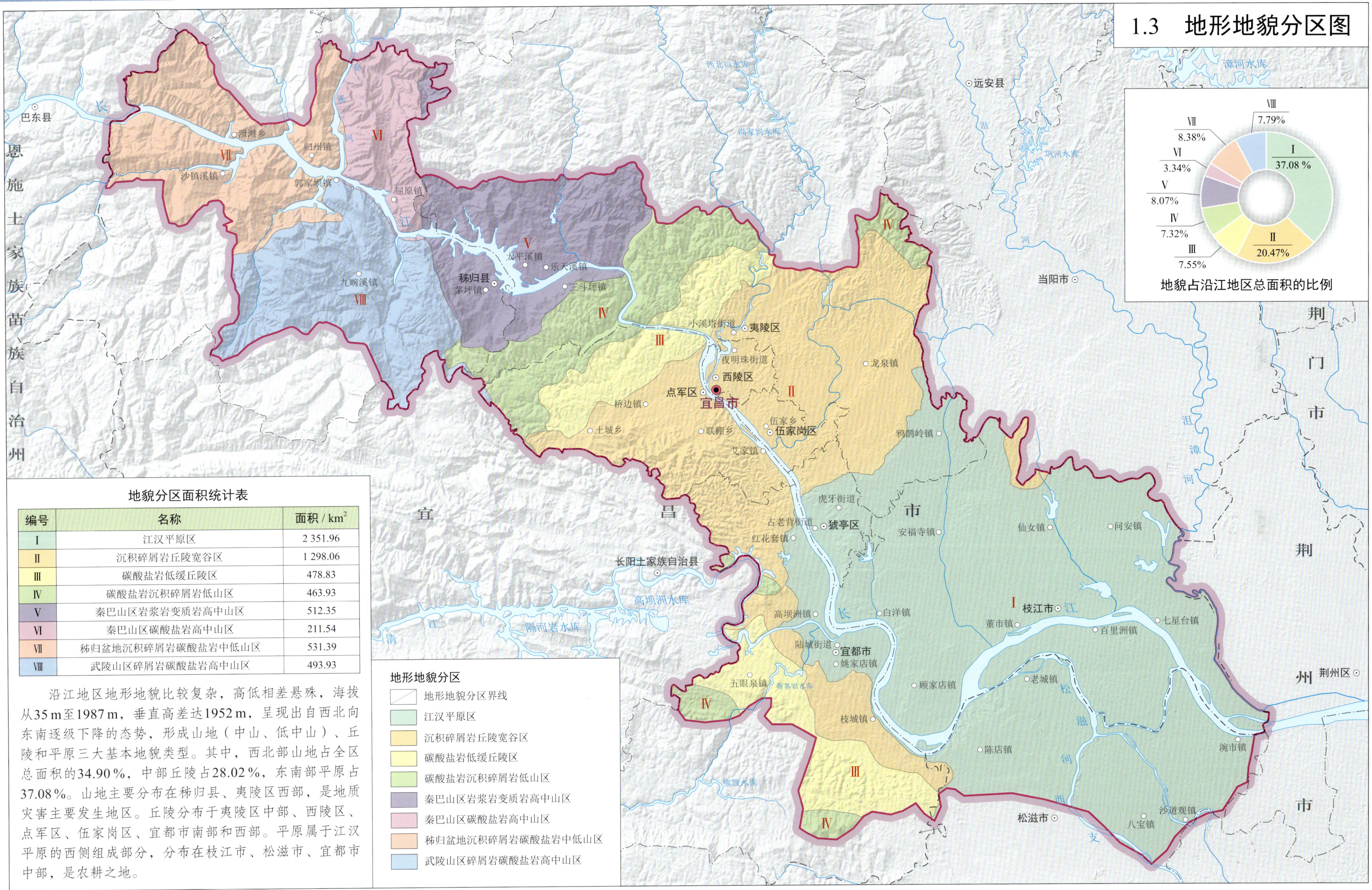

地貌占沿江地区总面积的比例

地貌分区面积统计表

编号	名称	面积 / km^2
Ⅰ	江汉平原区	2 351.96
Ⅱ	沉积碎屑岩丘陵宽谷区	1 298.06
Ⅲ	碳酸盐岩低缓丘陵区	478.83
Ⅳ	碳酸盐岩沉积碎屑岩低山区	463.93
Ⅴ	秦巴山区岩浆岩变质岩高中山区	512.35
Ⅵ	秦巴山区碳酸盐岩高中山区	211.54
Ⅶ	秭归盆地沉积碎屑岩碳酸盐岩中低山区	531.39
Ⅷ	武陵山区碎屑岩碳酸盐岩高中山区	493.93

沿江地区地形地貌比较复杂，高低相差悬殊，海拔从35 m至1987 m，垂直高差达1952 m，呈现出自西北向东南逐级下降的态势，形成山地（中山、低中山）、丘陵和平原三大基本地貌类型。其中，西北部山地占全区总面积的34.90%，中部丘陵占28.02%，东南部平原占37.08%。山地主要分布在秭归县、夷陵区西部，是地质灾害主要发生地区。丘陵分布于夷陵区中部、西陵区、点军区、伍家岗区、宜都市南部和西部。平原属于江汉平原的西侧组成部分，分布在枝江市、松滋市、宜都市中部，是农耕之地。

地形地貌分区

- 地形地貌分区界线
- 江汉平原区
- 沉积碎屑岩丘陵宽谷区
- 碳酸盐岩低缓丘陵区
- 碳酸盐岩沉积碎屑岩低山区
- 秦巴山区岩浆岩变质岩高中山区
- 秦巴山区碳酸盐岩高中山区
- 秭归盆地沉积碎屑岩碳酸盐岩中低山区
- 武陵山区碎屑岩碳酸盐岩高中山区

1∶500 000　0 5 10 15 km

资料来源：中国地质调查局遥感数据解译。

1.4　水系流域图

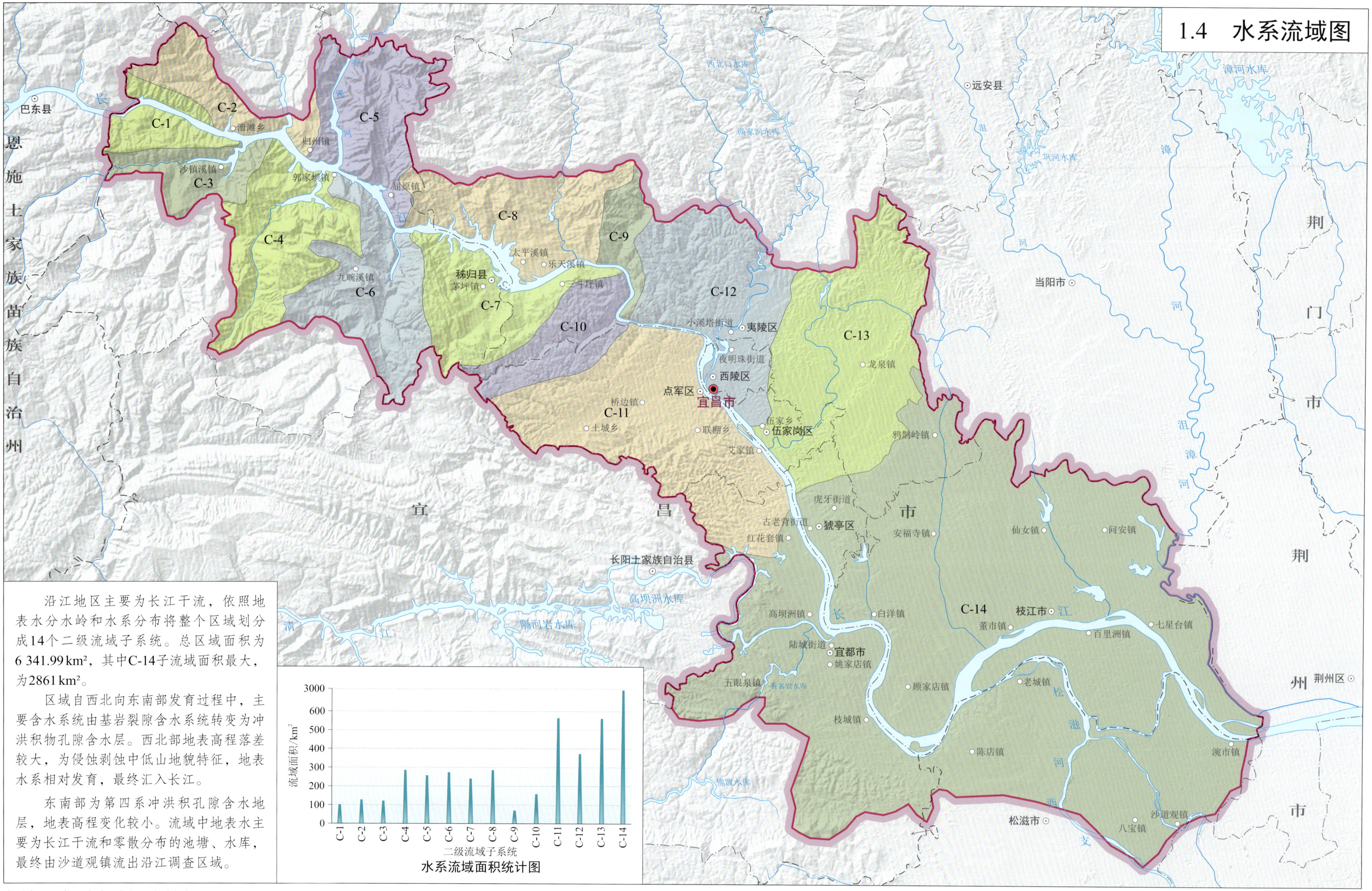

水系流域面积统计图

沿江地区主要为长江干流，依照地表水分水岭和水系分布将整个区域划分成14个二级流域子系统。总区域面积为6 341.99 km²，其中C-14子流域面积最大，为2861 km²。

区域自西北向东南部发育过程中，主要含水系统由基岩裂隙含水系统转变为冲洪积物孔隙含水层。西北部地表高程落差较大，为侵蚀剥蚀中低山地貌特征，地表水系相对发育，最终汇入长江。

东南部为第四系冲洪积孔隙含水地层，地表高程变化较小。流域中地表水主要为长江干流和零散分布的池塘、水库，最终由沙道观镇流出沿江调查区域。

资料来源：中国地质调查局遥感数据解译。

1∶500 000　0　5　10　15 km

1.5 地质图

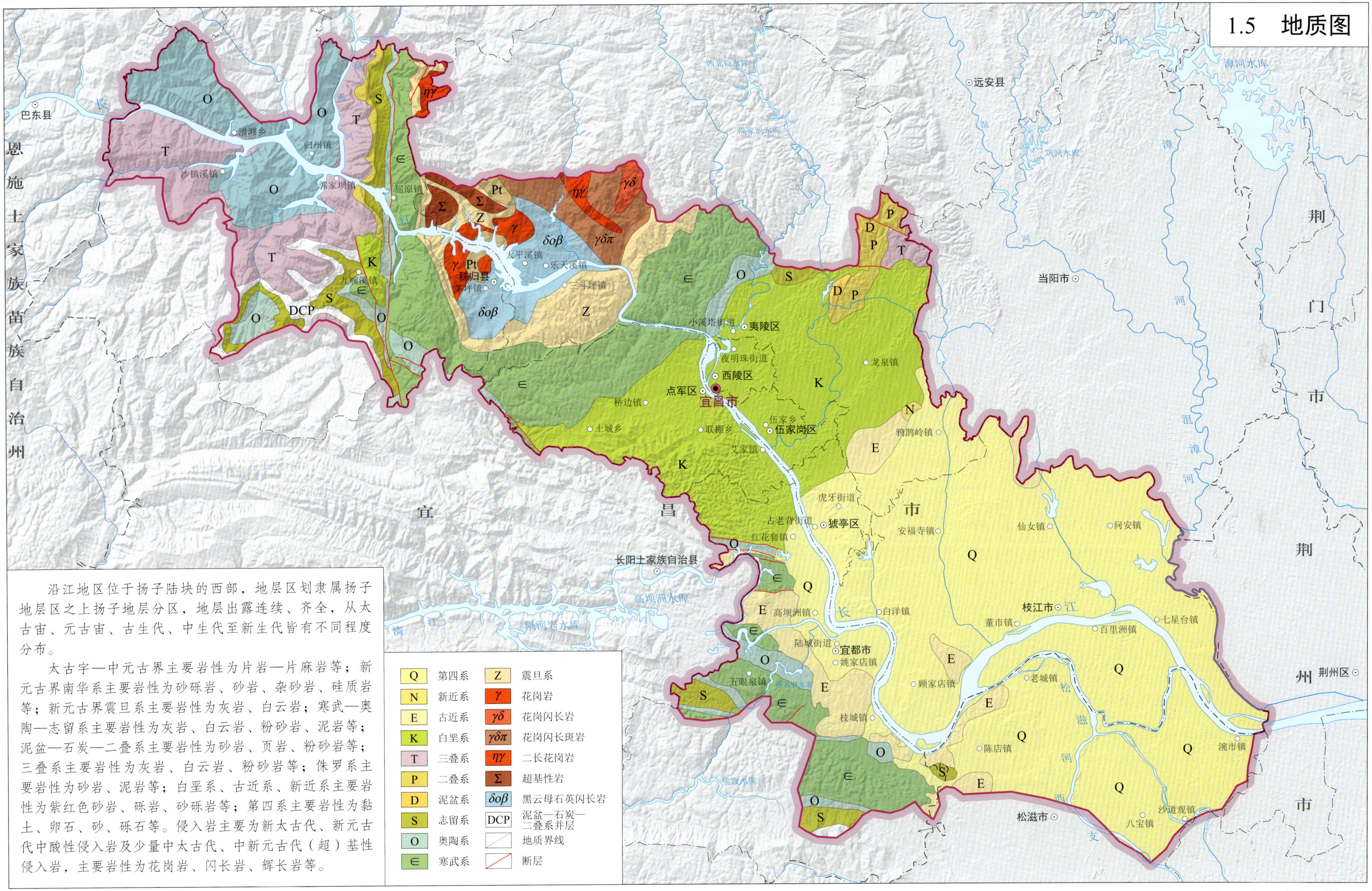

沿江地区位于扬子陆块的西部，地层区划隶属扬子地层区之上扬子地层分区，地层出露连续、齐全，从太古宙、元古宙、古生代、中生代至新生代皆有不同程度分布。

太古宇—中元古界主要岩性为片岩—片麻岩等；新元古界南华系主要岩性为砂砾岩、砂岩、杂砂岩、硅质岩等；新元古界震旦系主要岩性为灰岩、白云岩；寒武—奥陶—志留系主要岩性为灰岩、白云岩、粉砂岩、泥岩等；泥盆—石炭—二叠系主要岩性为砂岩、页岩、粉砂岩等；三叠系主要岩性为灰岩、白云岩、粉砂岩等；侏罗系主要岩性为砂岩、泥岩等；白垩系、古近系、新近系主要岩性为紫红色砂岩、砾岩、砂砾岩等；第四系主要岩性为黏土、卵石、砂、砾石等。侵入岩主要为新太古代、新元古代中酸性侵入岩及少量中太古代、中新元古代（超）基性侵入岩，主要岩性为花岗岩、闪长岩、辉长岩等。

资料来源：中国地质调查局武汉地质调查中心。

1:500 000　0　5　10　15 km

1.6 工程地质图

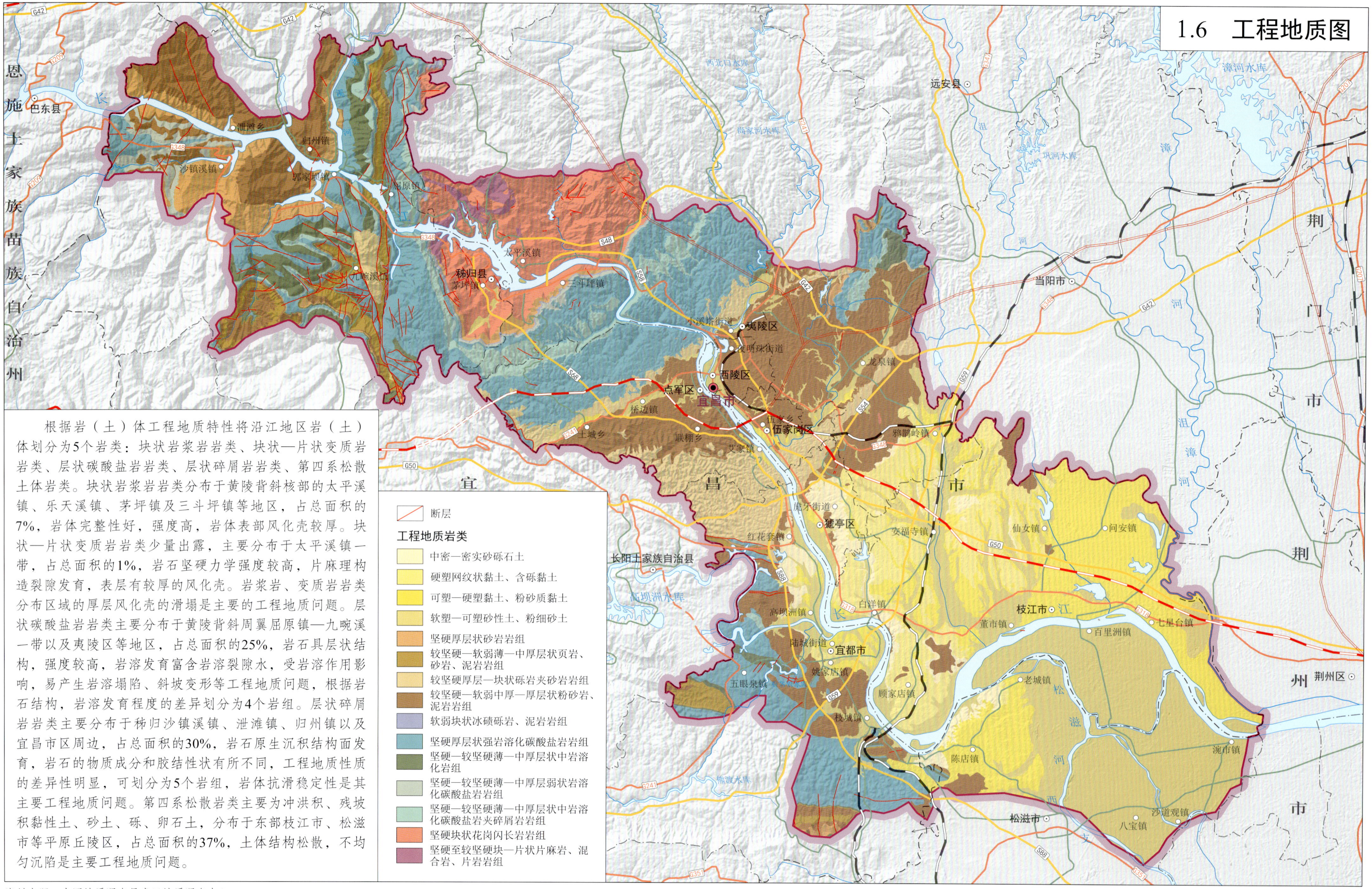

根据岩（土）体工程地质特性将沿江地区岩（土）体划分为5个岩类：块状岩浆岩岩类、块状—片状变质岩岩类、层状碳酸盐岩岩类、层状碎屑岩岩类、第四系松散土体岩类。块状岩浆岩岩类分布于黄陵背斜核部的太平溪镇、乐天溪镇、茅坪镇及三斗坪镇等地区，占总面积的7%，岩体完整性好，强度高，岩体表部风化壳较厚。块状—片状变质岩岩类少量出露，主要分布于太平溪镇一带，占总面积的1%，岩石坚硬力学强度较高，片麻理构造裂隙发育，表层有较厚的风化壳。岩浆岩、变质岩岩类分布区域的厚层风化壳的滑塌是主要的工程地质问题。层状碳酸盐岩岩类主要分布于黄陵背斜周翼屈原镇—九畹溪一带以及夷陵区等地区，占总面积的25%，岩石具层状结构，强度较高，岩溶发育富含岩溶裂隙水，受岩溶作用影响，易产生岩溶塌陷、斜坡变形等工程地质问题，根据岩石结构，岩溶发育程度的差异划分为4个岩组。层状碎屑岩岩类主要分布于秭归沙镇溪镇、泄滩镇、归州镇以及宜昌市区周边，占总面积的30%，岩石原生沉积结构面发育，岩石的物质成分和胶结性状有所不同，工程地质性质的差异性明显，可划分为5个岩组，岩体抗滑稳定性是其主要工程地质问题。第四系松散岩类主要为冲洪积、残坡积黏性土、砂土、砾、卵石土，分布于东部枝江市、松滋市等平原丘陵区，占总面积的37%，土体结构松散，不均匀沉陷是主要工程地质问题。

资料来源：中国地质调查局武汉地质调查中心。

1.7 人口分布与GDP统计图

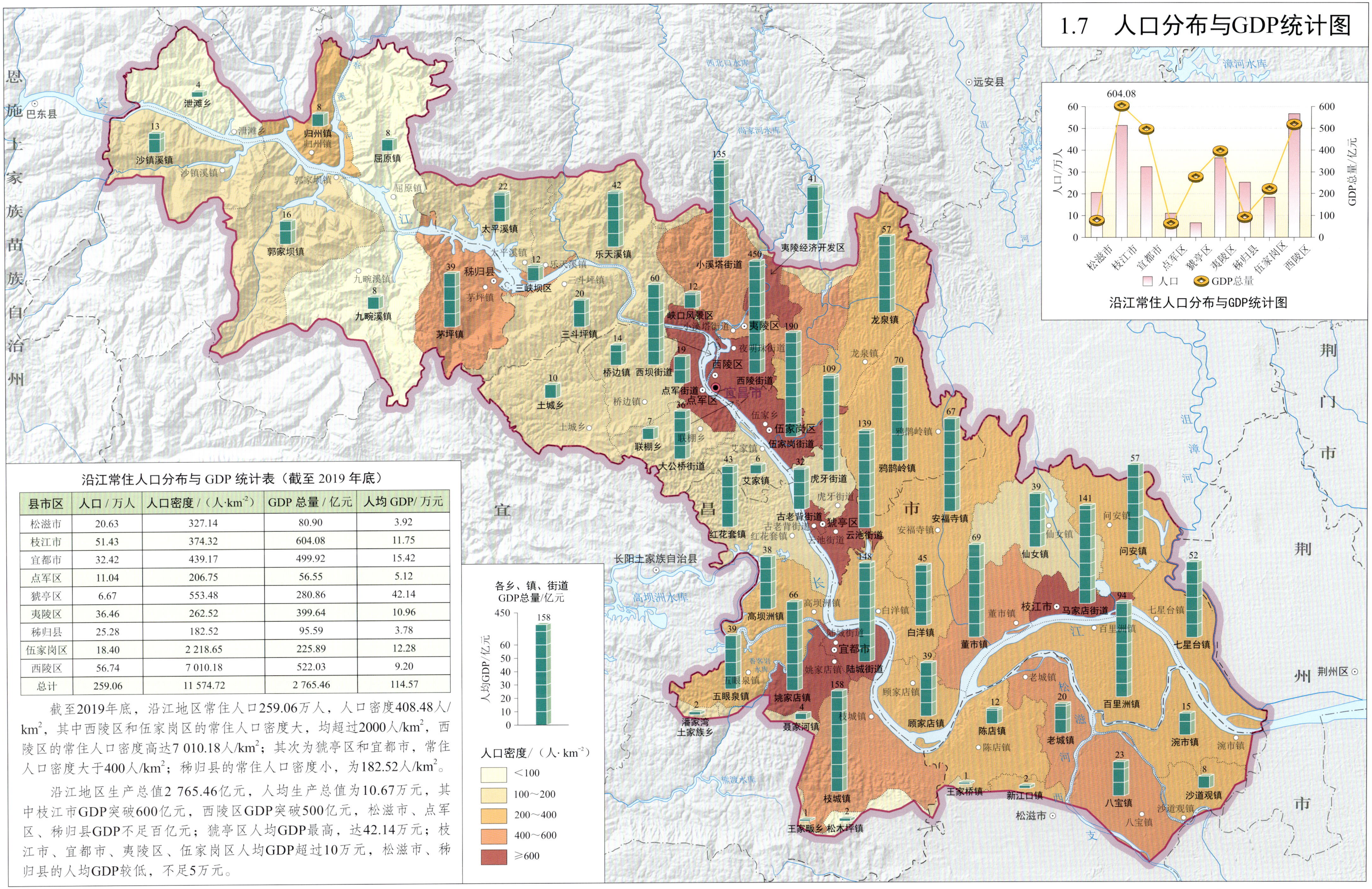

沿江常住人口分布与 GDP 统计表（截至 2019 年底）

县市区	人口 / 万人	人口密度 / （人·km^{-2}）	GDP 总量 / 亿元	人均 GDP/ 万元
松滋市	20.63	327.14	80.90	3.92
枝江市	51.43	374.32	604.08	11.75
宜都市	32.42	439.17	499.92	15.42
点军区	11.04	206.75	56.55	5.12
猇亭区	6.67	553.48	280.86	42.14
夷陵区	36.46	262.52	399.64	10.96
秭归县	25.28	182.52	95.59	3.78
伍家岗区	18.40	2 218.65	225.89	12.28
西陵区	56.74	7 010.18	522.03	9.20
总计	259.06	11 574.72	2 765.46	114.57

截至2019年底，沿江地区常住人口259.06万人，人口密度408.48人/km^2，其中西陵区和伍家岗区的常住人口密度大，均超过2000人/km^2，西陵区的常住人口密度高达7 010.18人/km^2；其次为猇亭区和宜都市，常住人口密度大于400人/km^2；秭归县的常住人口密度小，为182.52人/km^2。

沿江地区生产总值2 765.46亿元，人均生产总值为10.67万元，其中枝江市GDP突破600亿元，西陵区GDP突破500亿元，松滋市、点军区、秭归县GDP不足百亿元；猇亭区人均GDP最高，达42.14万元；枝江市、宜都市、夷陵区、伍家岗区人均GDP超过10万元，松滋市、秭归县的人均GDP较低，不足5万元。

资料来源：宜昌市统计局。

2 矿产资源与清洁能源

2.1 矿产资源分布图

宜昌市矿产资源丰富，锰矿、磷矿、铬矿、汞矿、石墨矿、玻璃硅质矿位于湖北省前列。沿江地区矿产资源45种，矿床点199个，按照矿产类型划分，非金属矿产139处，占比近69.85%；按照矿床规模划分，大型矿床4个，中型矿床15个，小型矿床170个，矿点10个。其中大中型矿床主要为铁矿、溶剂用灰岩、化肥用蛇纹岩、水泥配料用砂岩、水泥配料用黏土、水泥用灰岩、冶金用白云岩和冶金用砂岩。

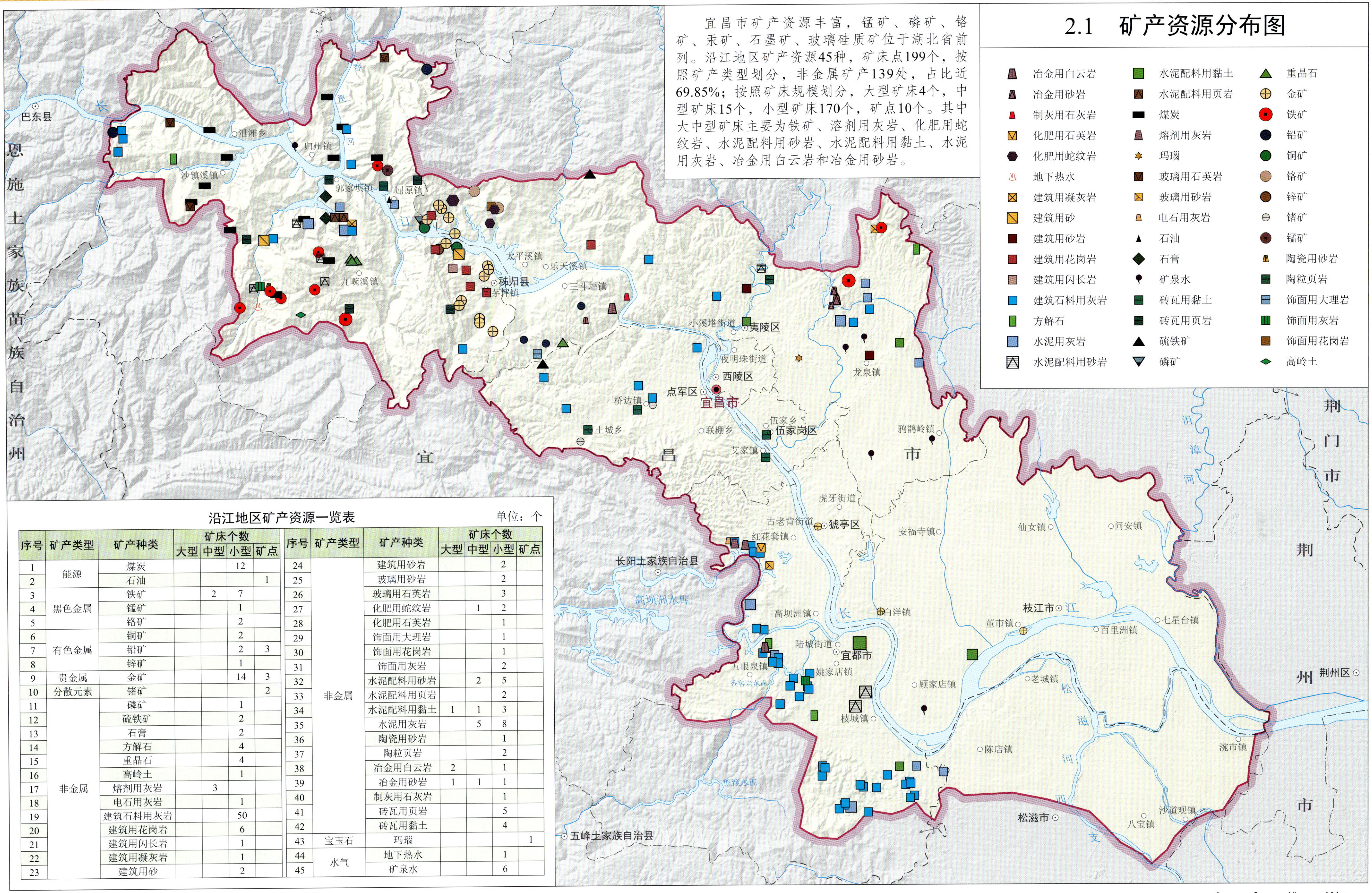

沿江地区矿产资源一览表

单位：个

序号	矿产类型	矿产种类	矿床个数：大型	矿床个数：中型	矿床个数：小型	矿床个数：矿点
1	能源	煤炭			12	
2		石油				1
3	黑色金属	铁矿		2	7	
4		锰矿			1	
5		铬矿			2	
6	有色金属	铜矿			2	
7		铅矿			2	3
8		锌矿			1	
9	贵金属	金矿			14	3
10	分散元素	锗矿				2
11	非金属	磷矿			1	
12		硫铁矿			2	
13		石膏			2	
14		方解石			4	
15		重晶石			4	
16		高岭土			1	
17		熔剂用灰岩		3		
18		电石用灰岩			1	
19		建筑石料用灰岩			50	
20		建筑用花岗岩			6	
21		建筑用闪长岩			1	
22		建筑用凝灰岩			1	
23		建筑用砂			2	
24	非金属	建筑用砂岩			2	
25		玻璃用砂岩			2	
26		玻璃用石英岩			3	
27		化肥用蛇纹岩		1	2	
28		化肥用石英岩			1	
29		饰面用大理岩			1	
30		饰面用花岗岩			1	
31		饰面用灰岩			2	
32		水泥配料用砂岩		2	5	
33		水泥配料用页岩			2	
34		水泥配料用黏土	1	1	3	
35		水泥用灰岩		5	8	
36		陶瓷用砂岩			1	
37		陶粒页岩			2	
38		冶金用白云岩	2		1	
39		冶金用砂岩	1	1	1	
40		制灰用石灰岩			1	
41		砖瓦用页岩			5	
42		砖瓦用黏土			4	
43	宝玉石	玛瑙				1
44	水气	地下热水			1	
45		矿泉水			6	

资料来源：《湖北省宜昌市矿产资源规划》（2019年）、《湖北省矿产资源潜力评价报告》（2019年）。

1∶500 000　0　5　10　15 km

2.2 震旦系页岩气资源分布图

震旦系陡山沱组页岩气有利区划分为夷陵—点军有利区和宜都—长阳有利区，其中，夷陵—点军有利区分布面积1 290.08 km²，宜都—长阳有利区分布面积147.57 km²。沿江地区震旦系陡山沱组页岩气有利区主要为夷陵—点军有利区，页岩气P_{50}总地质资源量4 688.64×10^8 m³。

震旦系陡山沱组页岩气目标区划分为土城目标区和贺家坪目标区，其中，土城目标区分布面积456.88 km²，贺家坪目标区分布面积88.54 km²。沿江地区震旦系陡山沱组页岩气目标区主要为土城目标区，页岩气P_{50}总地质资源量2 389.56×10^8 m³。

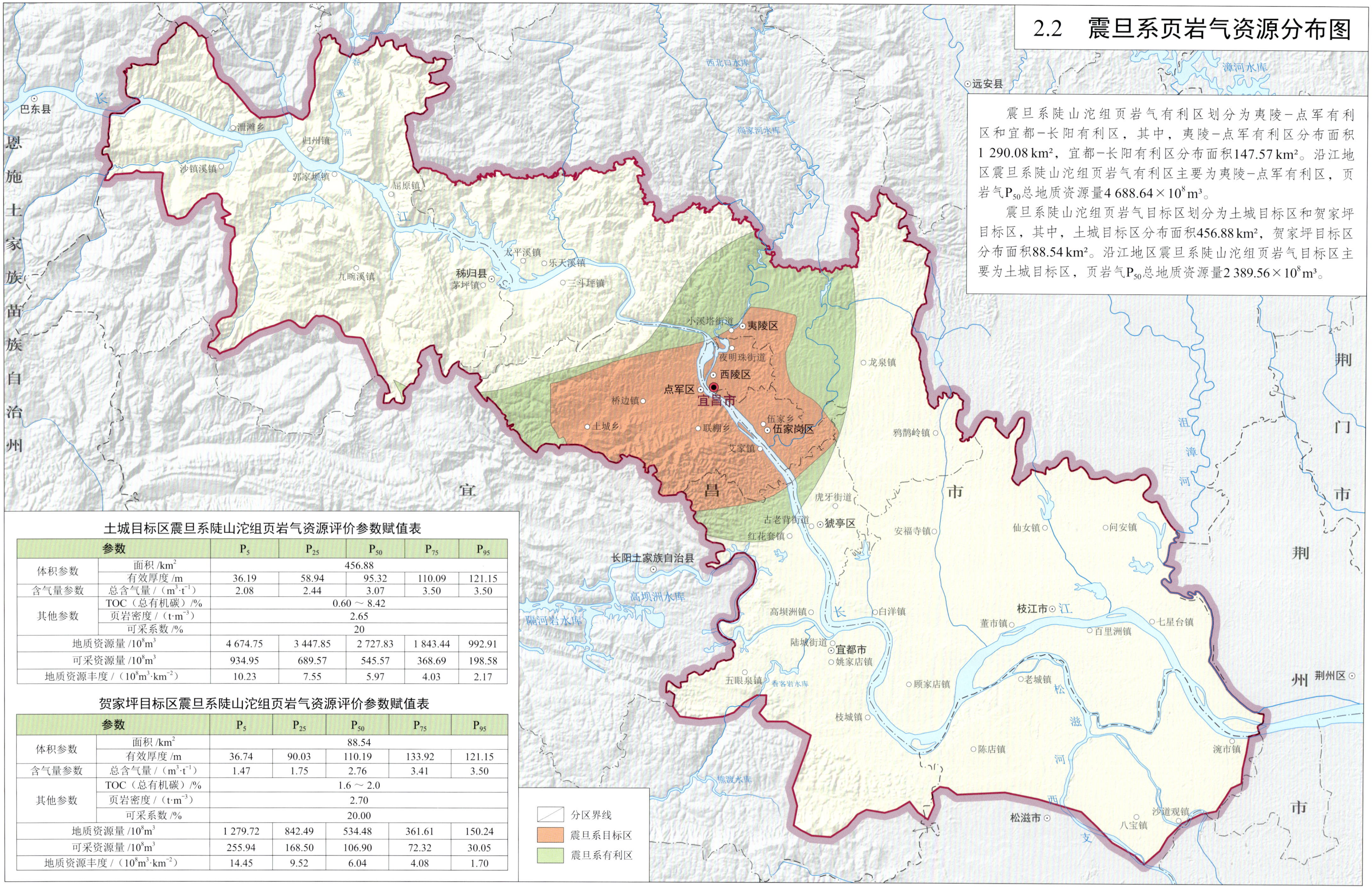

土城目标区震旦系陡山沱组页岩气资源评价参数赋值表

参数		P_5	P_{25}	P_{50}	P_{75}	P_{95}
体积参数	面积 /km²	456.88				
	有效厚度 /m	36.19	58.94	95.32	110.09	121.15
含气量参数	总含气量 /（$m^3 \cdot t^{-1}$）	2.08	2.44	3.07	3.50	3.50
其他参数	TOC（总有机碳）/%	0.60 ～ 8.42				
	页岩密度 /（$t \cdot m^{-3}$）	2.65				
	可采系数 /%	20				
地质资源量 /$10^8 m^3$		4 674.75	3 447.85	2 727.83	1 843.44	992.91
可采资源量 /$10^8 m^3$		934.95	689.57	545.57	368.69	198.58
地质资源丰度 /（$10^8 m^3 \cdot km^{-2}$）		10.23	7.55	5.97	4.03	2.17

贺家坪目标区震旦系陡山沱组页岩气资源评价参数赋值表

参数		P_5	P_{25}	P_{50}	P_{75}	P_{95}
体积参数	面积 /km²	88.54				
	有效厚度 /m	36.74	90.03	110.19	133.92	121.15
含气量参数	总含气量 /（$m^3 \cdot t^{-1}$）	1.47	1.75	2.76	3.41	3.50
其他参数	TOC（总有机碳）/%	1.6 ～ 2.0				
	页岩密度 /（$t \cdot m^{-3}$）	2.70				
	可采系数 /%	20.00				
地质资源量 /$10^8 m^3$		1 279.72	842.49	534.48	361.61	150.24
可采资源量 /$10^8 m^3$		255.94	168.50	106.90	72.32	30.05
地质资源丰度 /（$10^8 m^3 \cdot km^{-2}$）		14.45	9.52	6.04	4.08	1.70

资料来源：中国地质调查局武汉地质调查中心。

2.3 寒武系页岩气资源分布图

寒武系水井沱组页岩气有利区划分为夷陵-点军有利区和宜都-长阳有利区，其中，夷陵-点军有利区分布面积1 279.31 km²，宜都-长阳有利区分布面积750.24 km²。沿江地区寒武系水井沱组页岩气有利区主要为夷陵-点军有利区，页岩气P_{50}总地质资源量1 384.07×$10^8$$m^3$。

寒武系水井沱组页岩气目标区划分为土城目标区和贺家坪目标区，其中，土城目标区分布面积149.46 km²，贺家坪目标区分布面积88.81 km²。沿江地区寒武系水井沱组页岩气目标区主要为土城目标区，页岩气P_{50}总地质资源量926.49×$10^8$$m^3$。

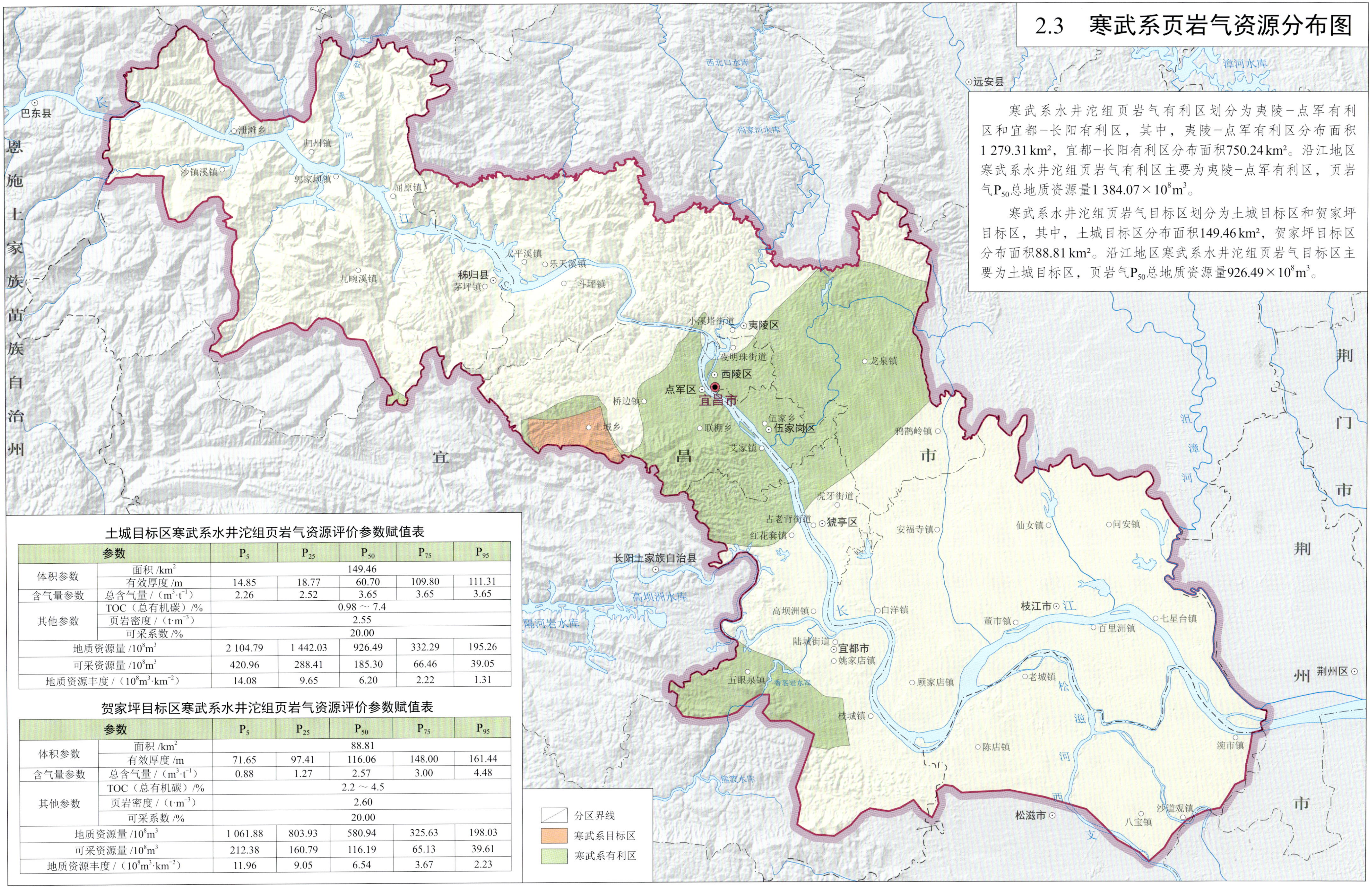

土城目标区寒武系水井沱组页岩气资源评价参数赋值表

参数		P_5	P_{25}	P_{50}	P_{75}	P_{95}
体积参数	面积 /km²	149.46				
	有效厚度 /m	14.85	18.77	60.70	109.80	111.31
含气量参数	总含气量 /（$m^3 \cdot t^{-1}$）	2.26	2.52	3.65	3.65	3.65
其他参数	TOC（总有机碳）/%	0.98 ～ 7.4				
	页岩密度 /（$t \cdot m^{-3}$）	2.55				
	可采系数 /%	20.00				
地质资源量 /$10^8 m^3$		2 104.79	1 442.03	926.49	332.29	195.26
可采资源量 /$10^8 m^3$		420.96	288.41	185.30	66.46	39.05
地质资源丰度 /（$10^8 m^3 \cdot km^{-2}$）		14.08	9.65	6.20	2.22	1.31

贺家坪目标区寒武系水井沱组页岩气资源评价参数赋值表

参数		P_5	P_{25}	P_{50}	P_{75}	P_{95}
体积参数	面积 /km²	88.81				
	有效厚度 /m	71.65	97.41	116.06	148.00	161.44
含气量参数	总含气量 /（$m^3 \cdot t^{-1}$）	0.88	1.27	2.57	3.00	4.48
其他参数	TOC（总有机碳）/%	2.2 ～ 4.5				
	页岩密度 /（$t \cdot m^{-3}$）	2.60				
	可采系数 /%	20.00				
地质资源量 /$10^8 m^3$		1 061.88	803.93	580.94	325.63	198.03
可采资源量 /$10^8 m^3$		212.38	160.79	116.19	65.13	39.61
地质资源丰度 /（$10^8 m^3 \cdot km^{-2}$）		11.96	9.05	6.54	3.67	2.23

资料来源：中国地质调查局武汉地质调查中心。

1∶500 000 0 5 10 15 km

2.4 奥陶—志留系页岩气资源分布图

奥陶—志留系五峰—龙马溪组页岩气有利区划分为分乡–龙泉有利区和南漳–远安有利区，其中，分乡–龙泉有利区分布面积455.30 km^2，南漳–远安有利区分布面积922.21 km^2。沿江地区奥陶—志留系五峰—龙马溪组页岩气有利区主要为分乡–龙泉有利区，页岩气P_{50}总地质资源量955.09×$10^8 m^3$。

奥陶—志留系五峰—龙马溪组页岩气目标区划分为龙泉目标区和河口–茅坪场目标区，其中，龙泉目标区分布面积340.83 km^2，河口–茅坪场目标区分布面积761.13 km^2。沿江地区奥陶—志留系五峰—龙马溪组页岩气有利区主要为龙泉目标区，页岩气P_{50}总地质资源量700.03×$10^8 m^3$。

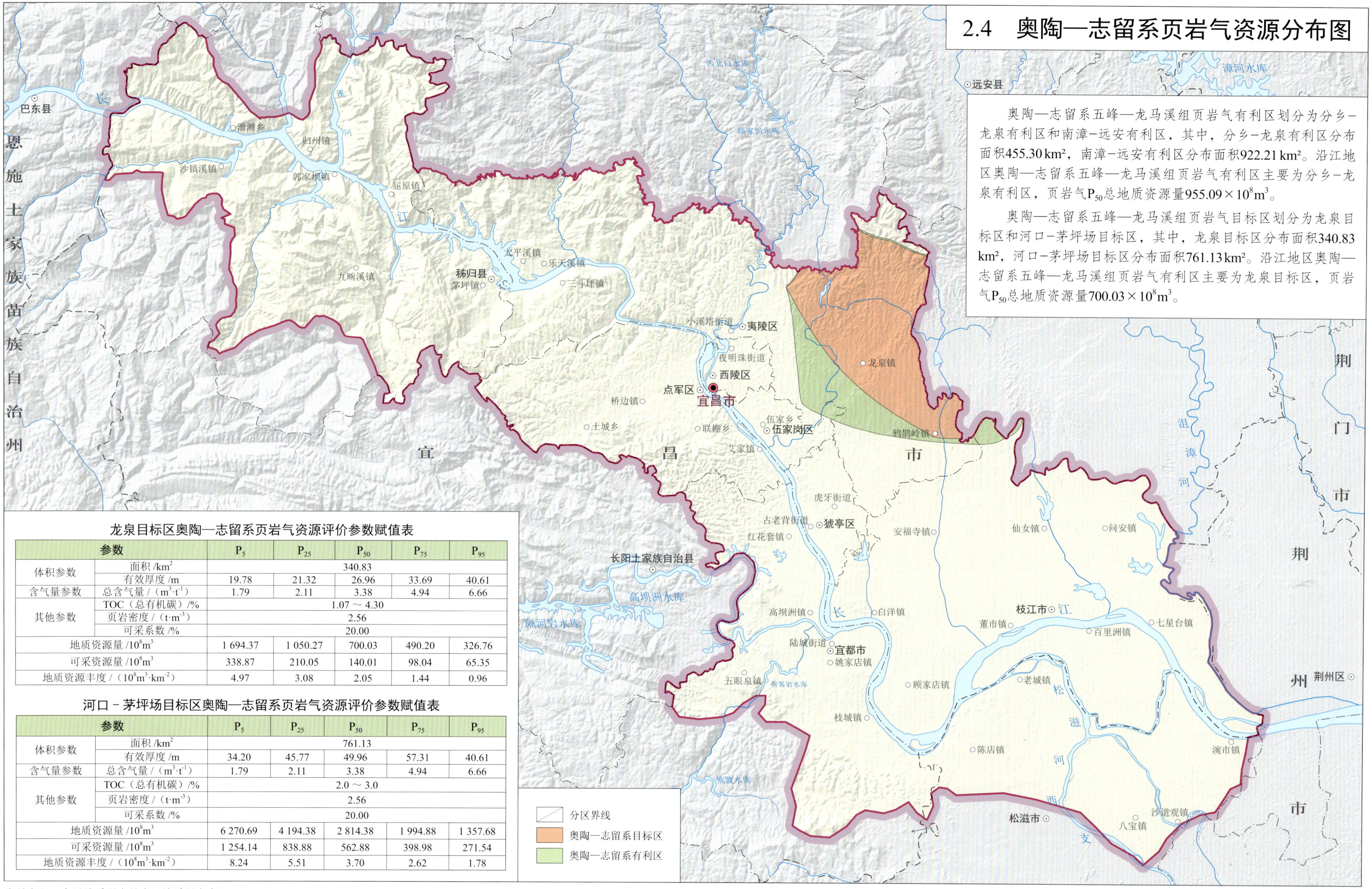

龙泉目标区奥陶—志留系页岩气资源评价参数赋值表

参数		P_5	P_{25}	P_{50}	P_{75}	P_{95}
体积参数	面积 /km^2	340.83				
	有效厚度 /m	19.78	21.32	26.96	33.69	40.61
含气量参数	总含气量 /（$m^3 \cdot t^{-1}$）	1.79	2.11	3.38	4.94	6.66
其他参数	TOC（总有机碳）/%	1.07 ～ 4.30				
	页岩密度 /（$t \cdot m^{-3}$）	2.56				
	可采系数 /%	20.00				
地质资源量 /$10^8 m^3$		1 694.37	1 050.27	700.03	490.20	326.76
可采资源量 /$10^8 m^3$		338.87	210.05	140.01	98.04	65.35
地质资源丰度 /（$10^8 m^3 \cdot km^{-2}$）		4.97	3.08	2.05	1.44	0.96

河口–茅坪场目标区奥陶—志留系页岩气资源评价参数赋值表

参数		P_5	P_{25}	P_{50}	P_{75}	P_{95}
体积参数	面积 /km^2	761.13				
	有效厚度 /m	34.20	45.77	49.96	57.31	40.61
含气量参数	总含气量 /（$m^3 \cdot t^{-1}$）	1.79	2.11	3.38	4.94	6.66
其他参数	TOC（总有机碳）/%	2.0 ～ 3.0				
	页岩密度 /（$t \cdot m^{-3}$）	2.56				
	可采系数 /%	20.00				
地质资源量 /$10^8 m^3$		6 270.69	4 194.38	2 814.38	1 994.88	1 357.68
可采资源量 /$10^8 m^3$		1 254.14	838.88	562.88	398.98	271.54
地质资源丰度 /（$10^8 m^3 \cdot km^{-2}$）		8.24	5.51	3.70	2.62	1.78

资料来源：中国地质调查局武汉地质调查中心。

2.5 矿产资源开发利用现状图

宜昌市矿产资源丰富，非金属矿具有得天独厚的发展优势，沿江地区矿产资源开发以非金属矿产矿山为主，开发的主要矿种有重晶石、建筑石料用灰岩、建筑用花岗岩、水泥用石灰、水泥配料用砂岩、砖瓦用页岩等。沿江地区现有采矿权108处，其中大型矿山2处，中型矿山6处，小型矿山100处；探矿权8处，矿产开发利用以小型矿山为主。

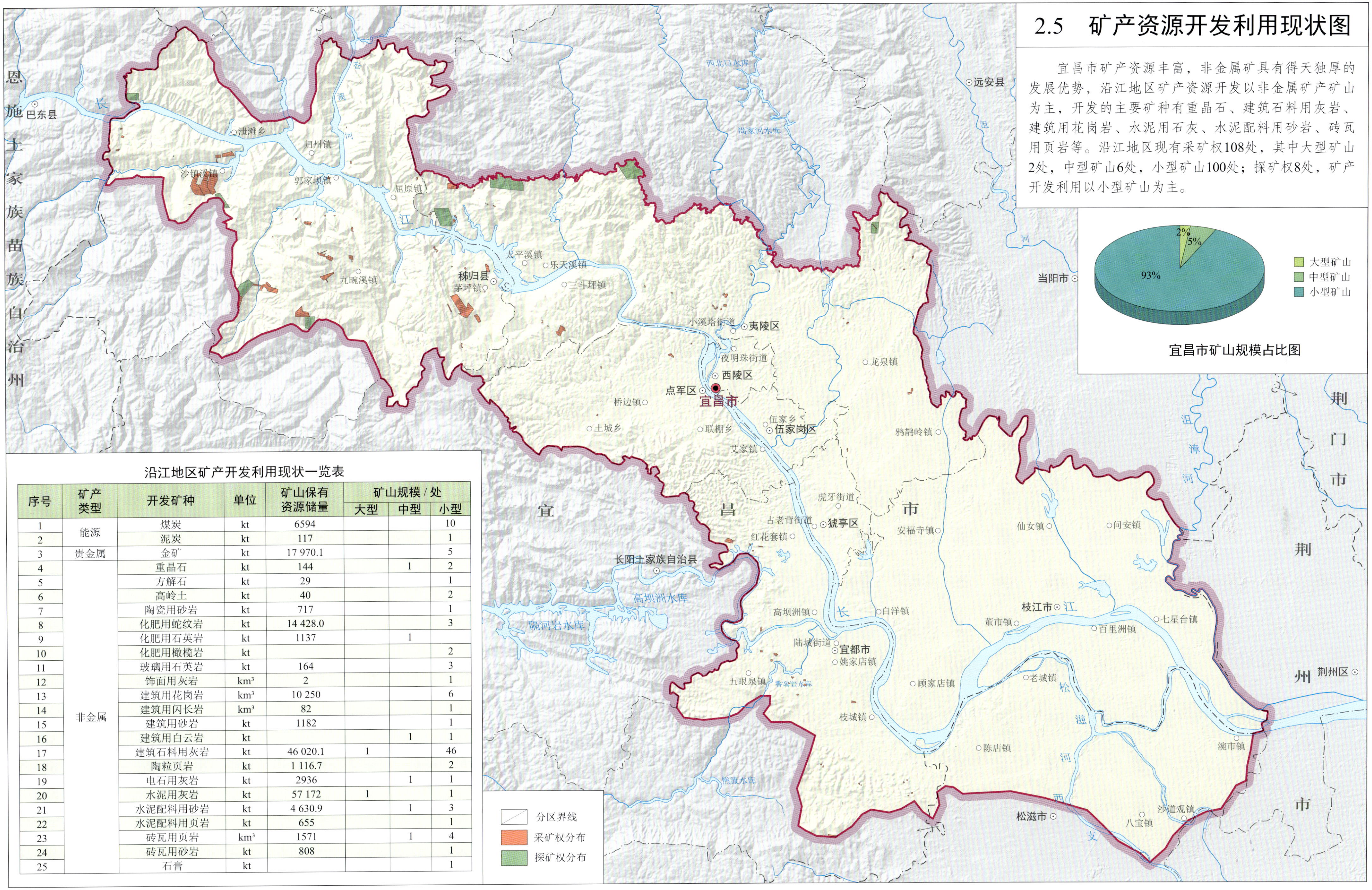

沿江地区矿产开发利用现状一览表

序号	矿产类型	开发矿种	单位	矿山保有资源储量	矿山规模/处		
					大型	中型	小型
1	能源	煤炭	kt	6594			10
2		泥炭	kt	117			1
3	贵金属	金矿	kt	17 970.1			5
4	非金属	重晶石	kt	144		1	2
5		方解石	kt	29			1
6		高岭土	kt	40			2
7		陶瓷用砂岩	kt	717			1
8		化肥用蛇纹岩	kt	14 428.0			3
9		化肥用石英岩	kt	1137		1	
10		化肥用橄榄岩	kt				2
11		玻璃用石英岩	kt	164			3
12		饰面用灰岩	km^3	2			1
13		建筑用花岗岩	km^3	10 250			6
14		建筑用闪长岩	km^3	82			1
15		建筑用砂岩	kt	1182			1
16		建筑用白云岩	kt			1	1
17		建筑石料用灰岩	kt	46 020.1	1		46
18		陶粒页岩	kt	1 116.7			2
19		电石用灰岩	kt	2936		1	1
20		水泥用灰岩	kt	57 172	1		1
21		水泥配料用砂岩	kt	4 630.9		1	3
22		水泥配料用页岩	kt	655			1
23		砖瓦用页岩	km^3	1571		1	4
24		砖瓦用砂岩	kt	808			1
25		石膏	kt				1

资料来源：中国地质调查局武汉地质调查中心。

1∶500 000

2.6 矿山地质环境分区图

宜昌市矿产资源十分丰富，已查明矿产资源48种，其中已开发利用44种，主要开采煤炭、磷矿、方解石、重晶石、高岭土、建筑石料用灰岩、水泥用石灰等。据《2012—2013年湖北省矿山地质环境调查报告》，宜昌市矿山地质环境影响区划分为严重区6处，较严重区19处，其中沿江地区矿山地质环境影响严重区2处，影响区面积40.4 km²；较严重区3处，影响区面积42.6 km²。宜昌沿江地区主要地质环境问题有占用与破坏土地、地质灾害等类型。

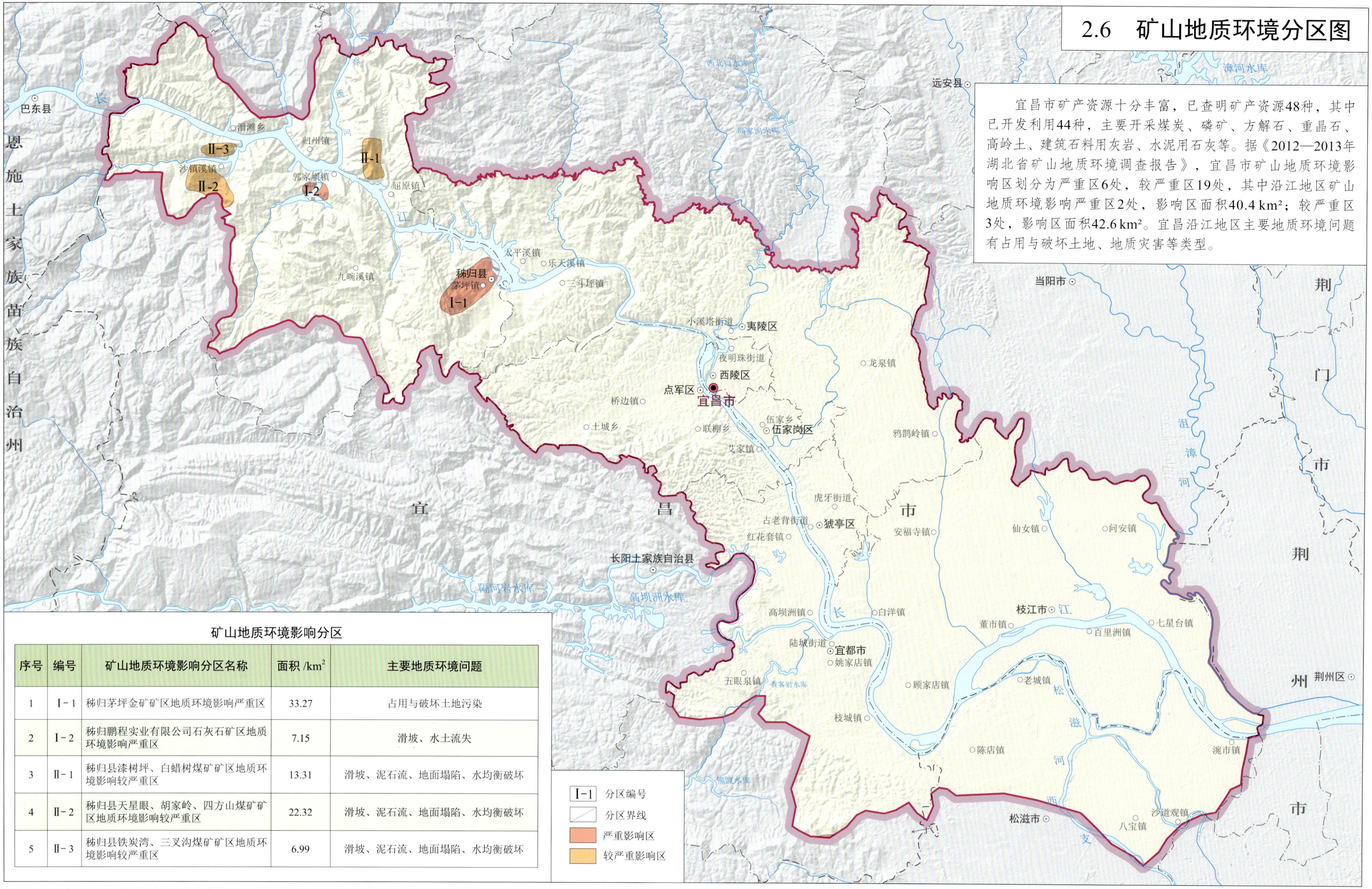

矿山地质环境影响分区

序号	编号	矿山地质环境影响分区名称	面积 /km^2	主要地质环境问题
1	Ⅰ-1	秭归茅坪金矿矿区地质环境影响严重区	33.27	占用与破坏土地污染
2	Ⅰ-2	秭归鹏程实业有限公司石灰石矿区地质环境影响严重区	7.15	滑坡、水土流失
3	Ⅱ-1	秭归县漆树坪、白蜡树煤矿矿区地质环境影响较严重区	13.31	滑坡、泥石流、地面塌陷、水均衡破坏
4	Ⅱ-2	秭归县天星眼、胡家岭、四方山煤矿矿区地质环境影响较严重区	22.32	滑坡、泥石流、地面塌陷、水均衡破坏
5	Ⅱ-3	秭归县铁炭湾、三叉沟煤矿矿区地质环境影响较严重区	6.99	滑坡、泥石流、地面塌陷、水均衡破坏

资料来源：《湖北省宜昌市矿产资源规划》（2019年）、《2012—2013年湖北省矿山地质环境调查报告》。

2.7 磷矿资源采选加分布图

宜昌市是我国磷矿主要产地和磷矿加工基地，磷矿产业是宜昌市乃至湖北省的支柱产业。截至2015年底，宜昌市磷矿山企业55家，磷矿选厂8家，大型磷矿加工企业39家，其中沿江地区磷矿选矿厂1家，磷矿加工企业23家。沿江地区磷矿加工企业集中，主要分布在猇亭区、宜都市、枝江市，且大多分布在长江沿岸。

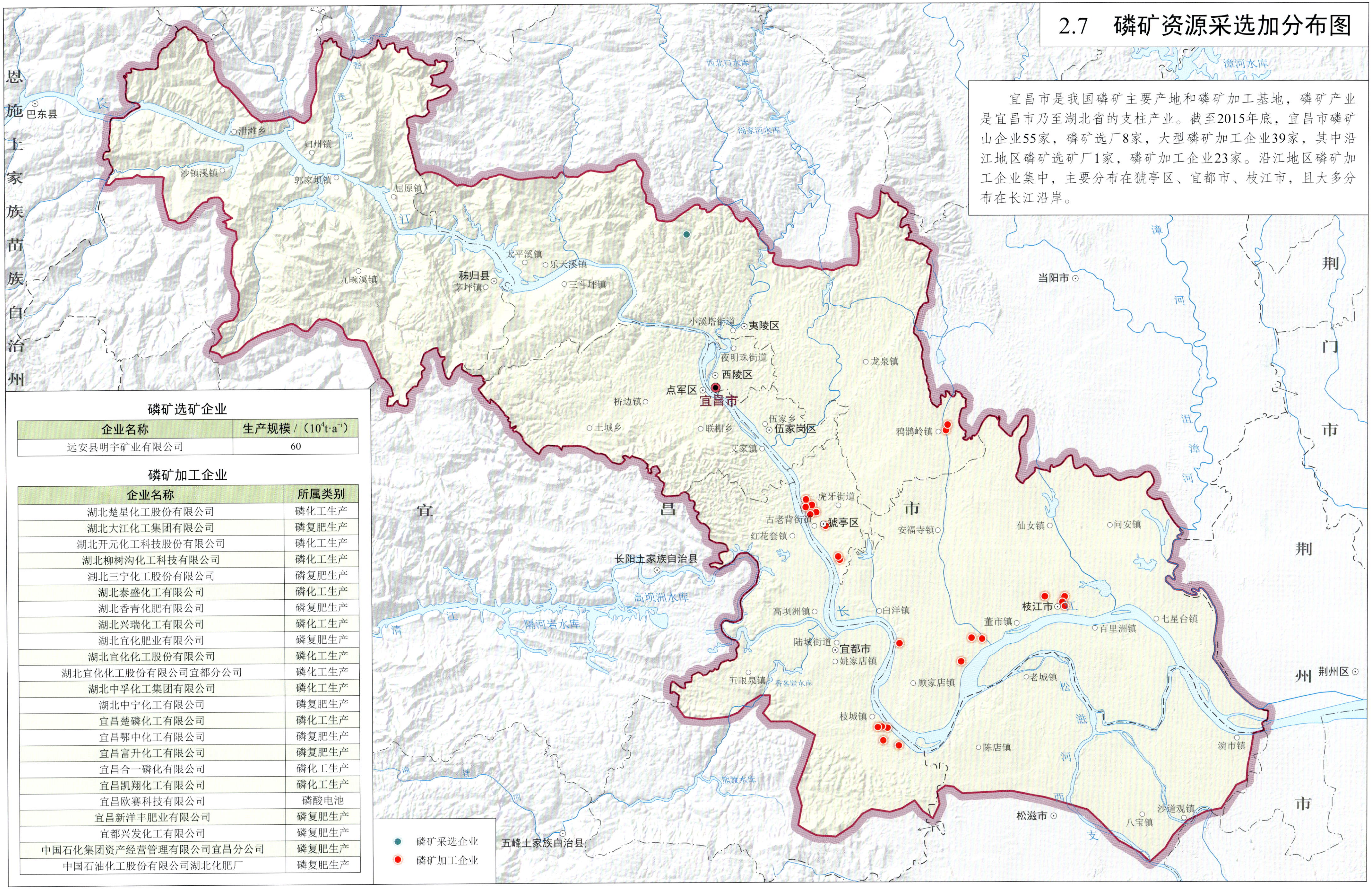

磷矿选矿企业

企业名称	生产规模 / $(10^4 t \cdot a^{-1})$
远安县明宇矿业有限公司	60

磷矿加工企业

企业名称	所属类别
湖北楚星化工股份有限公司	磷化工生产
湖北大江化工集团有限公司	磷复肥生产
湖北开元化工科技股份有限公司	磷化工生产
湖北柳树沟化工科技有限公司	磷化工生产
湖北三宁化工股份有限公司	磷复肥生产
湖北泰盛化工有限公司	磷化工生产
湖北香青化肥有限公司	磷复肥生产
湖北兴瑞化工有限公司	磷化工生产
湖北宜化肥业有限公司	磷复肥生产
湖北宜化化工股份有限公司	磷化工生产
湖北宜化化工股份有限公司宜都分公司	磷化工生产
湖北中孚化工集团有限公司	磷化工生产
湖北中宁化工有限公司	磷复肥生产
宜昌楚磷化工有限公司	磷化工生产
宜昌鄂中化工有限公司	磷复肥生产
宜昌富升化工有限公司	磷复肥生产
宜昌合一磷化有限公司	磷化工生产
宜昌凯翔化工有限公司	磷化工生产
宜昌欧赛科技有限公司	磷酸电池
宜昌新洋丰肥业有限公司	磷复肥生产
宜都兴发化工有限公司	磷复肥生产
中国石化集团资产经营管理有限公司宜昌分公司	磷复肥生产
中国石油化工股份有限公司湖北化肥厂	磷复肥生产

资料来源：《湖北省宜昌市矿产资源规划》（2019年）。

1∶500 000　0　5　10　15 km

3 水资源

3.1 水文地质图

沿江区域水文地质条件相对较简单，主要类型包括孔隙水、岩溶水以及极少部分的裂隙水。

岩溶水主要集中在中下震旦统、寒武系、奥陶系、二叠系、三叠系部分地层中，它们是研究区域内主要的含水地层。

裂隙水在区域内发育不广泛，且含水量较小，不作为研究区内主要含水岩组考虑。

孔隙水主要分布在沿江区域中下游，包括孔隙承压水和孔隙潜水，赋存介质为第四系。

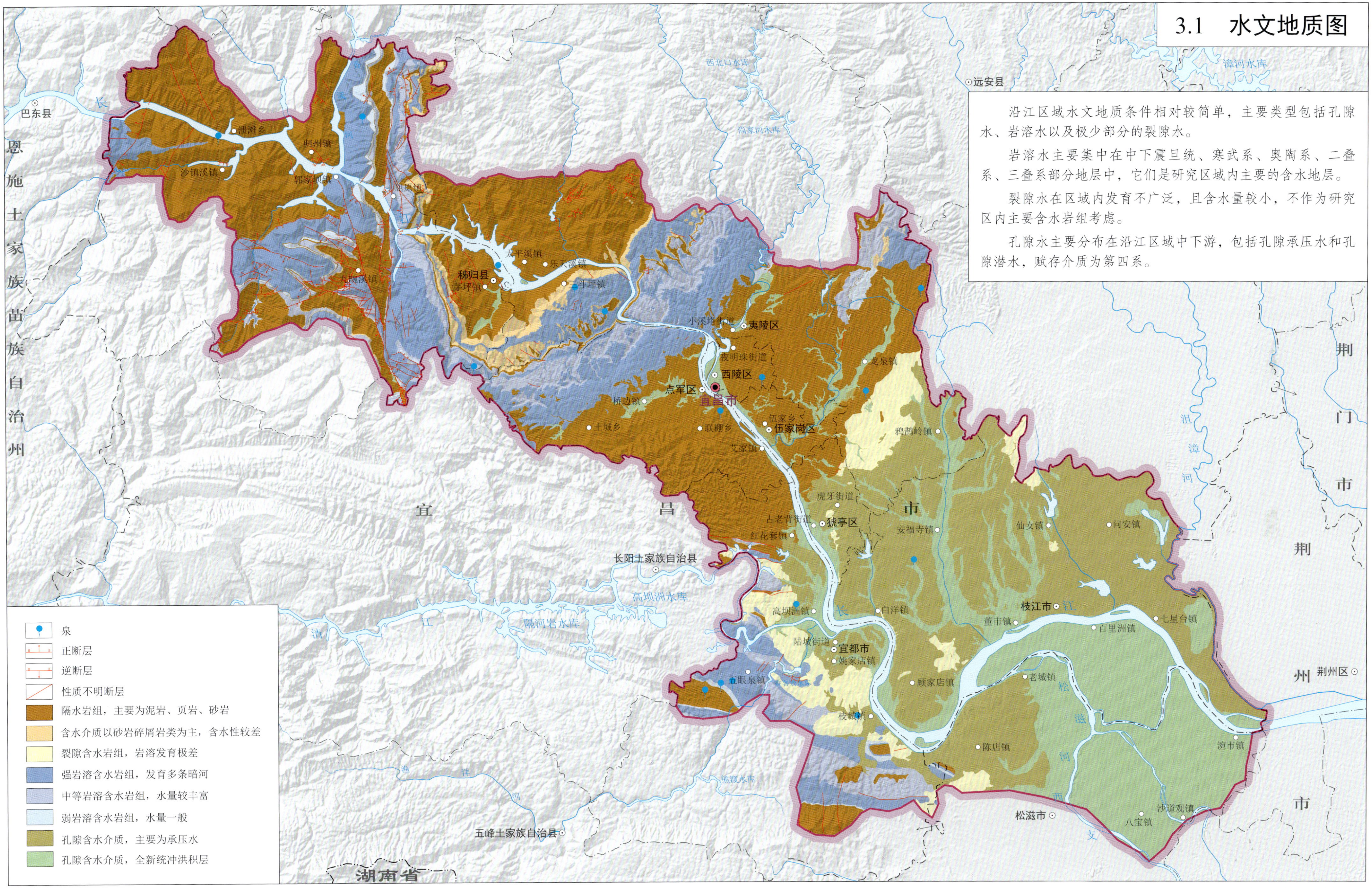

资料来源：宜昌市资源环境承载能力调查评价项目资料整理。

1 : 500 000　0　5　10　15 km

3.2 水资源分布图

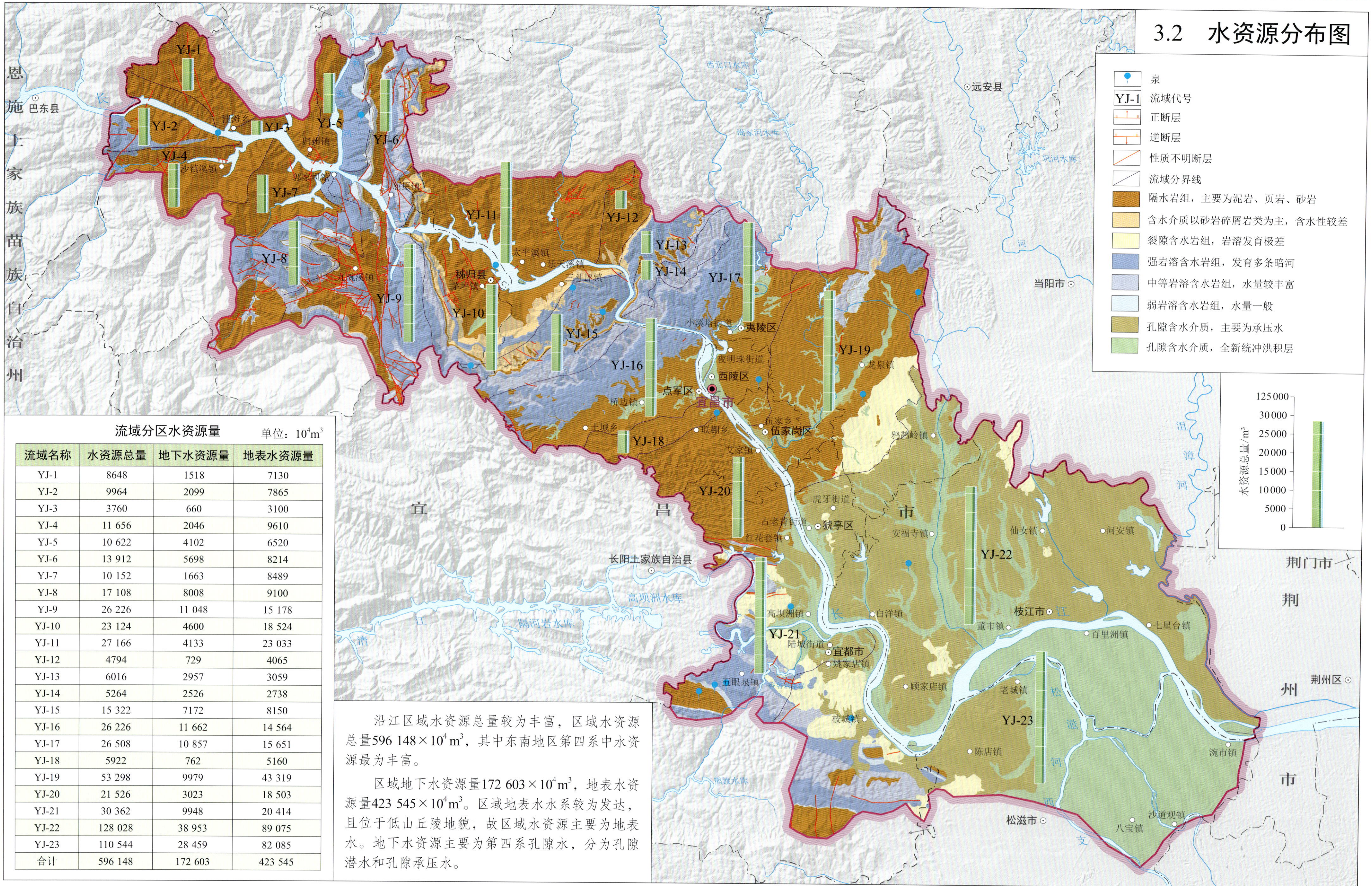

流域分区水资源量

单位：10^4m^3

流域名称	水资源总量	地下水资源量	地表水资源量
YJ-1	8648	1518	7130
YJ-2	9964	2099	7865
YJ-3	3760	660	3100
YJ-4	11 656	2046	9610
YJ-5	10 622	4102	6520
YJ-6	13 912	5698	8214
YJ-7	10 152	1663	8489
YJ-8	17 108	8008	9100
YJ-9	26 226	11 048	15 178
YJ-10	23 124	4600	18 524
YJ-11	27 166	4133	23 033
YJ-12	4794	729	4065
YJ-13	6016	2957	3059
YJ-14	5264	2526	2738
YJ-15	15 322	7172	8150
YJ-16	26 226	11 662	14 564
YJ-17	26 508	10 857	15 651
YJ-18	5922	762	5160
YJ-19	53 298	9979	43 319
YJ-20	21 526	3023	18 503
YJ-21	30 362	9948	20 414
YJ-22	128 028	38 953	89 075
YJ-23	110 544	28 459	82 085
合计	596 148	172 603	423 545

沿江区域水资源总量较为丰富，区域水资源总量596 148×10^4m^3，其中东南地区第四系中水资源最为丰富。

区域地下水资源量172 603×10^4m^3，地表水资源量423 545×10^4m^3。区域地表水水系较为发达，且位于低山丘陵地貌，故区域水资源主要为地表水。地下水资源主要为第四系孔隙水，分为孔隙潜水和孔隙承压水。

资料来源：宜昌市资源环境承载能力调查评价项目资料整理。

3.3 地表水资源分布图

沿江区域地表水资源较为丰富，能够进行大规模开采利用。区域地表水资源总量为423 545×10^4 m^3。

地表水资源主要补给来源为大气降水和地下水。区域东南部地表水系发育且地表水资源量较丰富。

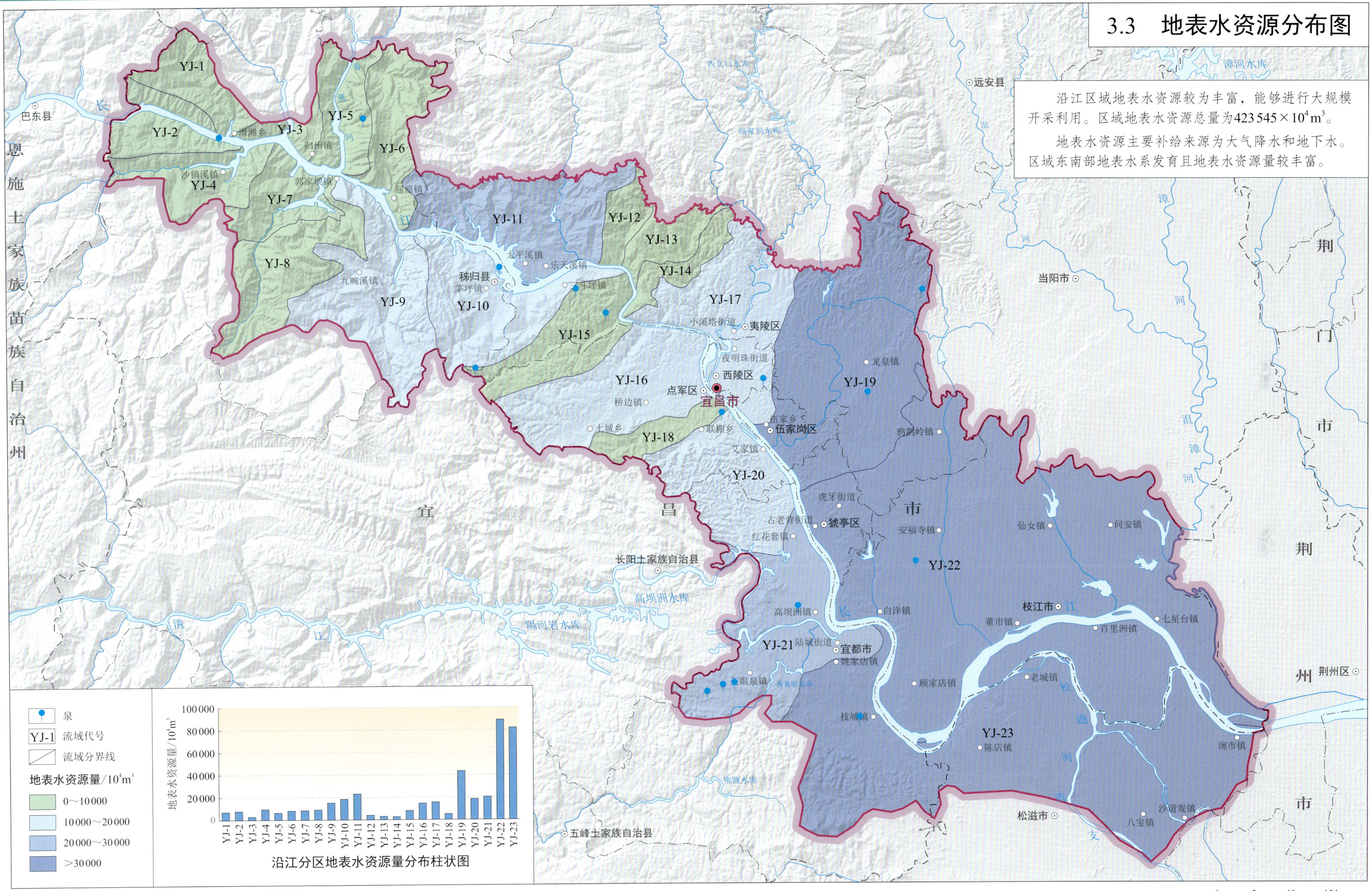

资料来源：宜昌市资源环境承载能力调查评价项目资料整理。

3.4 地下水资源分布图

沿江地区地下水资源相比地表水资源较少，地下水资源总量为$172\,603 \times 10^4 m^3$。

除东南部分外，区域主要地形为山区，地下水开采难度大，不具备大量利用地下水的条件。自西北向东南发育过程中地下水含量逐渐增大。宜都市东南部孔隙含水层中地下水资源量较丰富，是主要的地下水赋存区域。

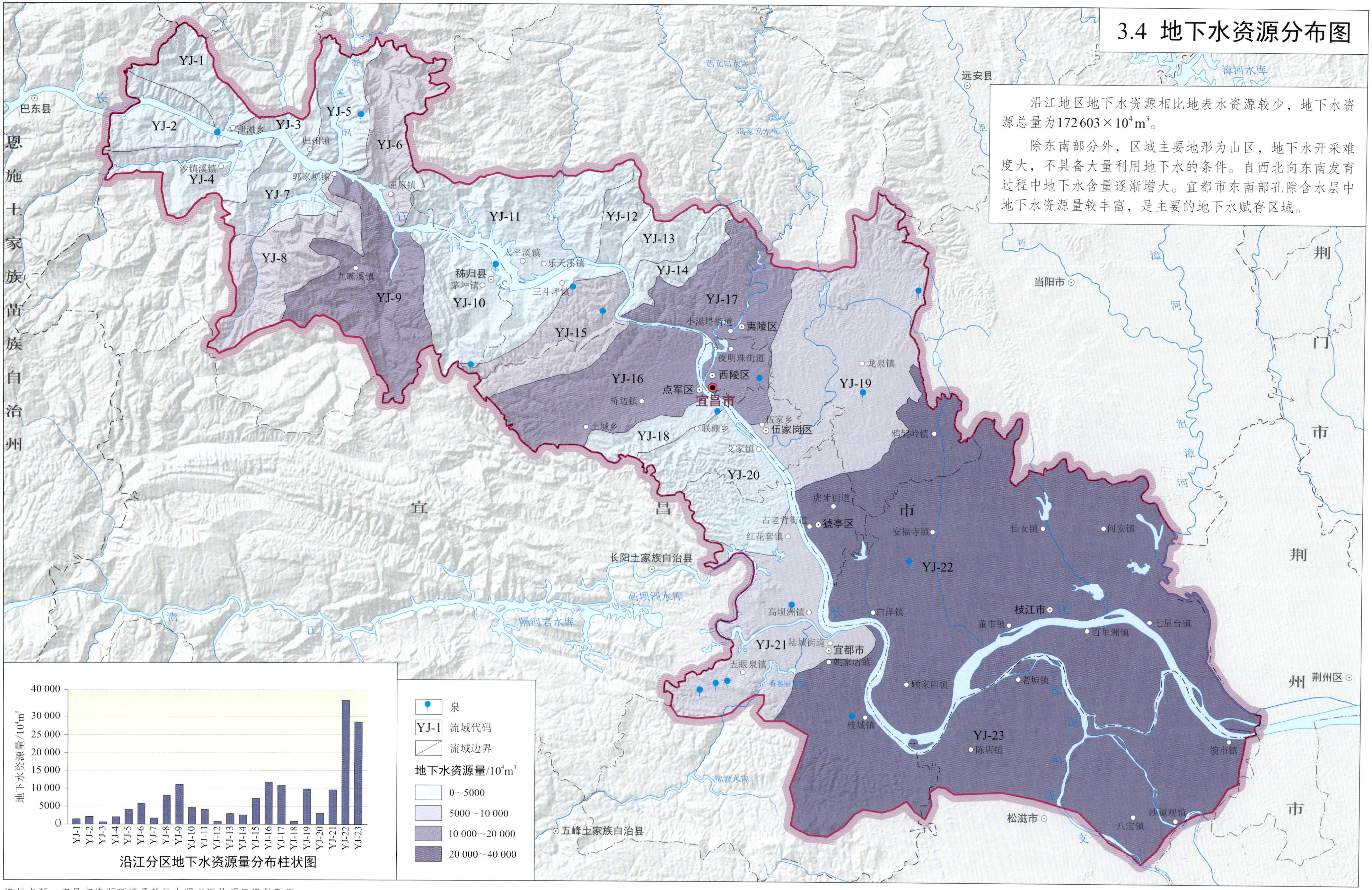

沿江分区地下水资源量分布柱状图

图例：
- 泉
- YJ-1 流域代码
- 流域边界

地下水资源量/10^4m^3
- 0～5000
- 5000～10 000
- 10 000～20 000
- 20 000～40 000

资料来源：宜昌市资源环境承载能力调查评价项目资料整理。

1∶500 000　0　5　10　15 km

3.5 地下水水化学类型图

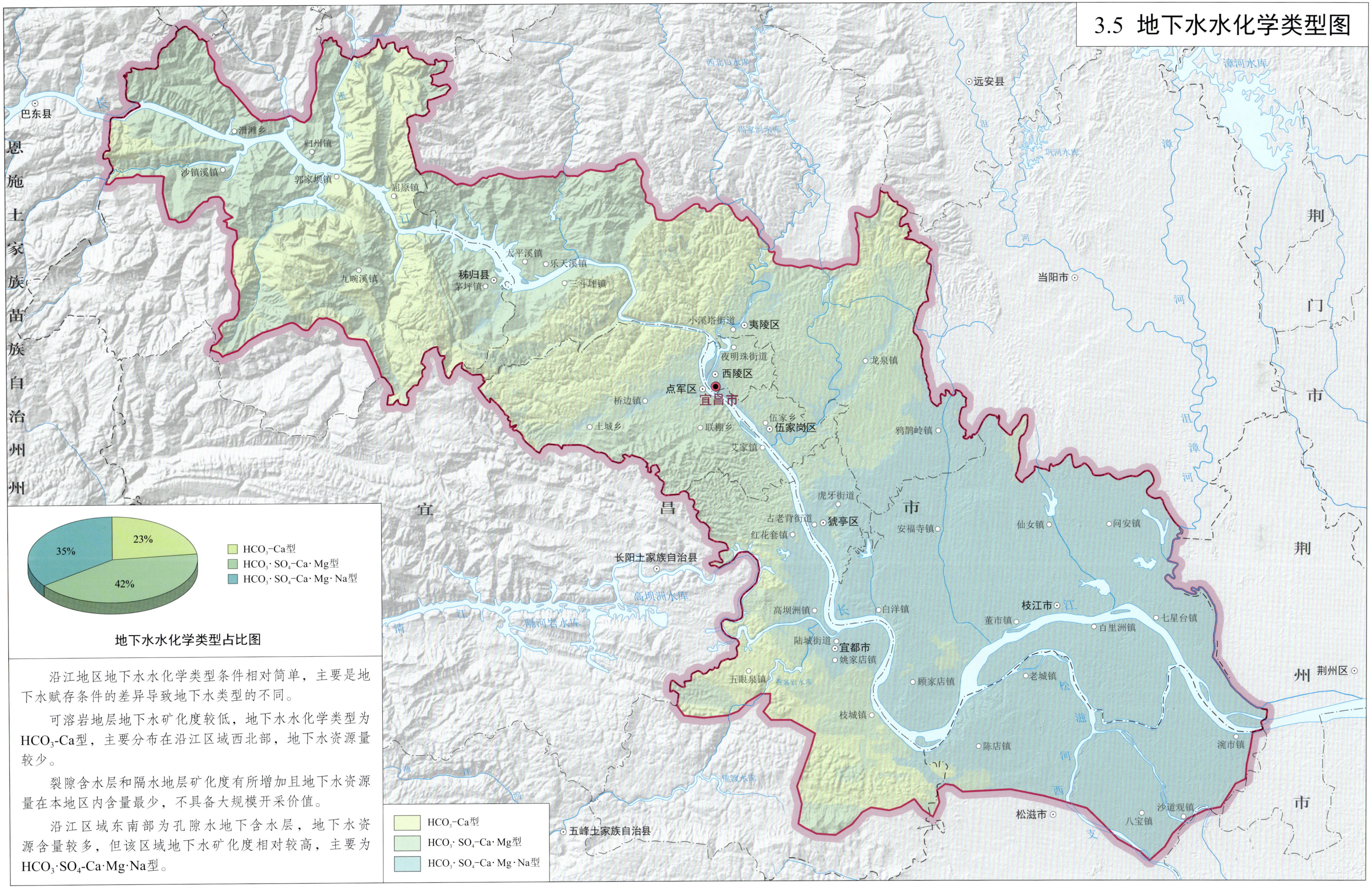

地下水水化学类型占比图

沿江地区地下水水化学类型条件相对简单，主要是地下水赋存条件的差异导致地下水类型的不同。

可溶岩地层地下水矿化度较低，地下水水化学类型为HCO_3-Ca型，主要分布在沿江区域西北部，地下水资源量较少。

裂隙含水层和隔水地层矿化度有所增加且地下水资源量在本地区内含量最少，不具备大规模开采价值。

沿江区域东南部为孔隙水地下含水层，地下水资源含量较多，但该区域地下水矿化度相对较高，主要为$HCO_3·SO_4$-Ca·Mg·Na型。

资料来源：宜昌市环境环境承载能力调查评价项目资料整理。

3.6 地下水质量评价图

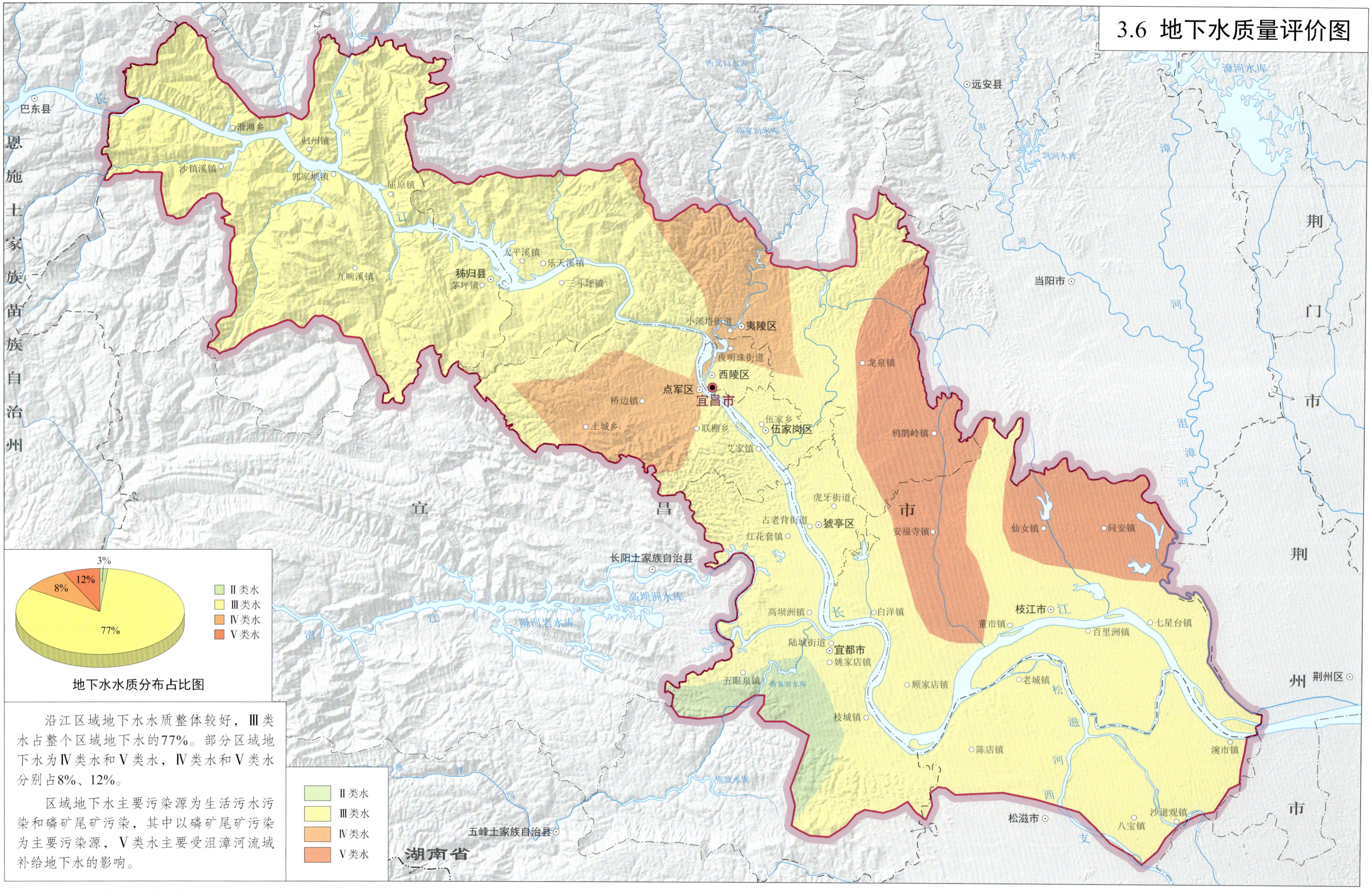

地下水水质分布占比图

沿江区域地下水水质整体较好，Ⅲ类水占整个区域地下水的77%。部分区域地下水为Ⅳ类水和Ⅴ类水，Ⅳ类水和Ⅴ类水分别占8%、12%。

区域地下水主要污染源为生活污水污染和磷矿尾矿污染，其中以磷矿尾矿污染为主要污染源，Ⅴ类水主要受沮漳河流域补给地下水的影响。

Ⅱ类水
Ⅲ类水
Ⅳ类水
Ⅴ类水

资料来源：宜昌市环境环境承载能力调查评价项目资料整理。

1∶500 000　0　5　10　15 km

3.7 地下水资源开采潜力图

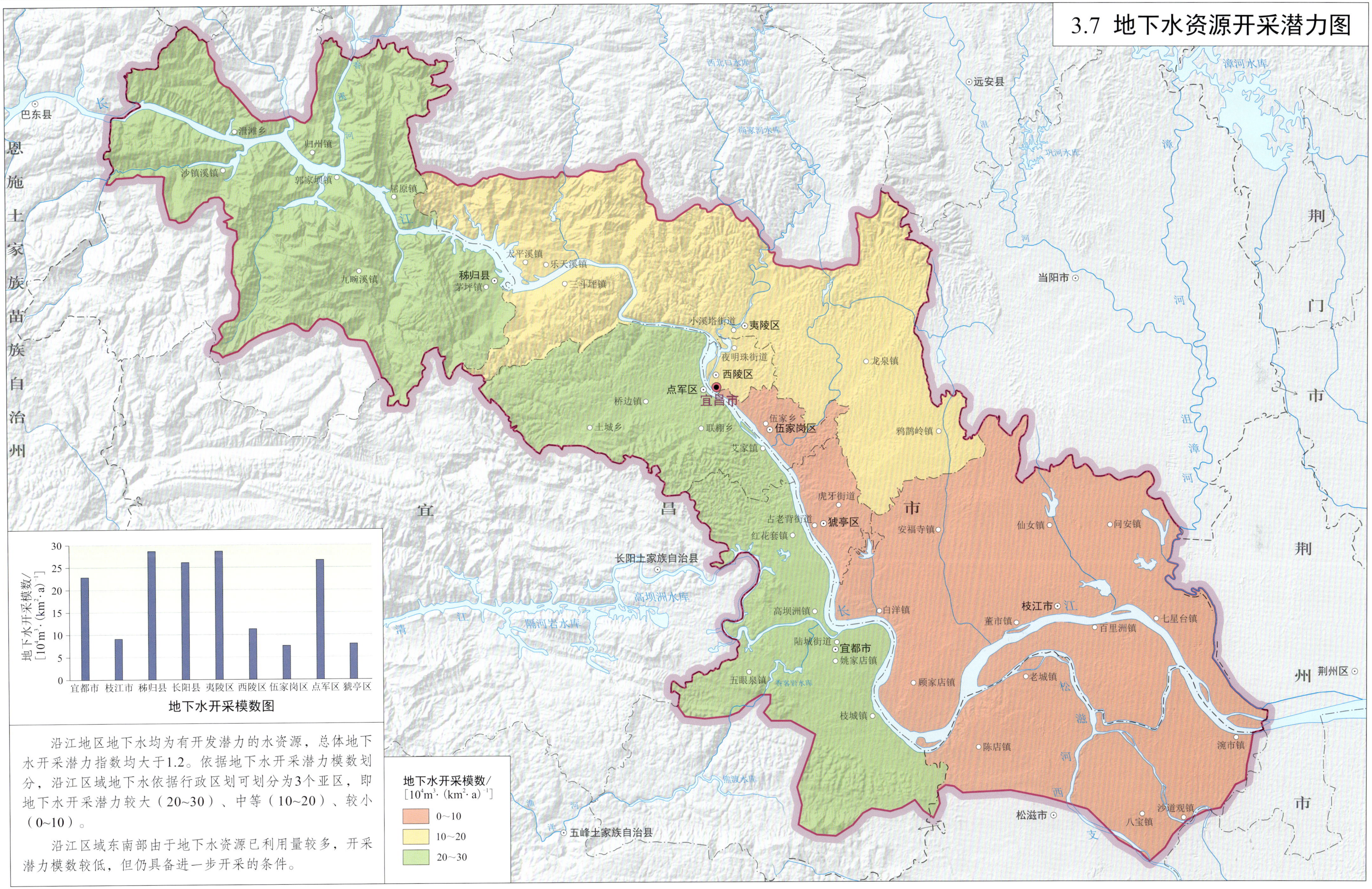

地下水开采模数图

沿江地区地下水均为有开发潜力的水资源，总体地下水开采潜力指数均大于1.2。依据地下水开采潜力模数划分，沿江区域地下水依据行政区划可划分为3个亚区，即地下水开采潜力较大（20~30）、中等（10~20）、较小（0~10）。

沿江区域东南部由于地下水资源已利用量较多，开采潜力模数较低，但仍具备进一步开采的条件。

资料来源：宜昌市环境环境承载能力调查评价项目资料整理。

3.8 年降水量图

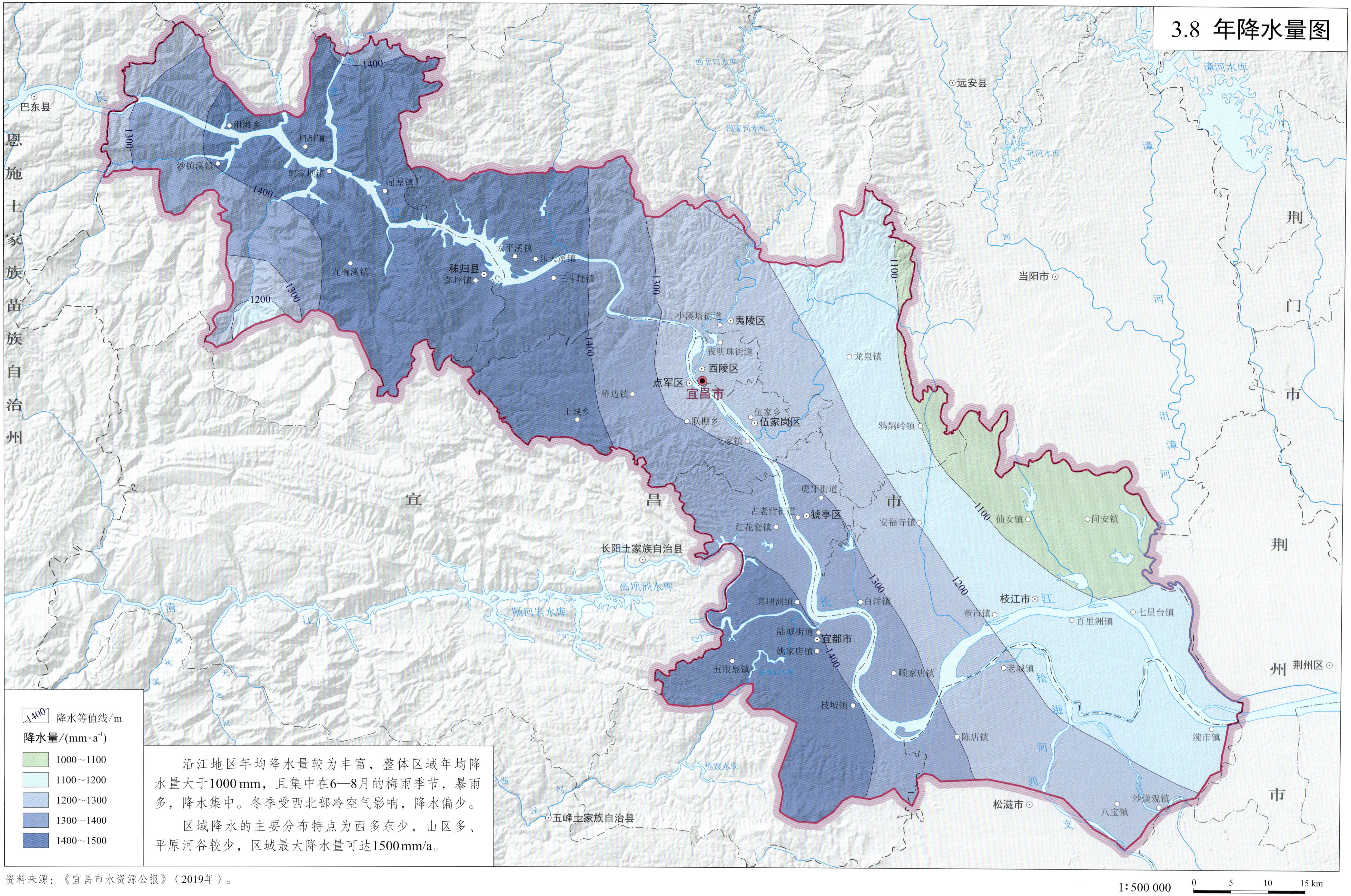

沿江地区年均降水量较为丰富，整体区域年均降水量大于1000 mm，且集中在6—8月的梅雨季节，暴雨多，降水集中。冬季受西北部冷空气影响，降水偏少。

区域降水的主要分布特点为西多东少，山区多、平原河谷较少，区域最大降水量可达1500 mm/a。

资料来源：《宜昌市水资源公报》（2019年）。

3.9 人均水资源量分布图

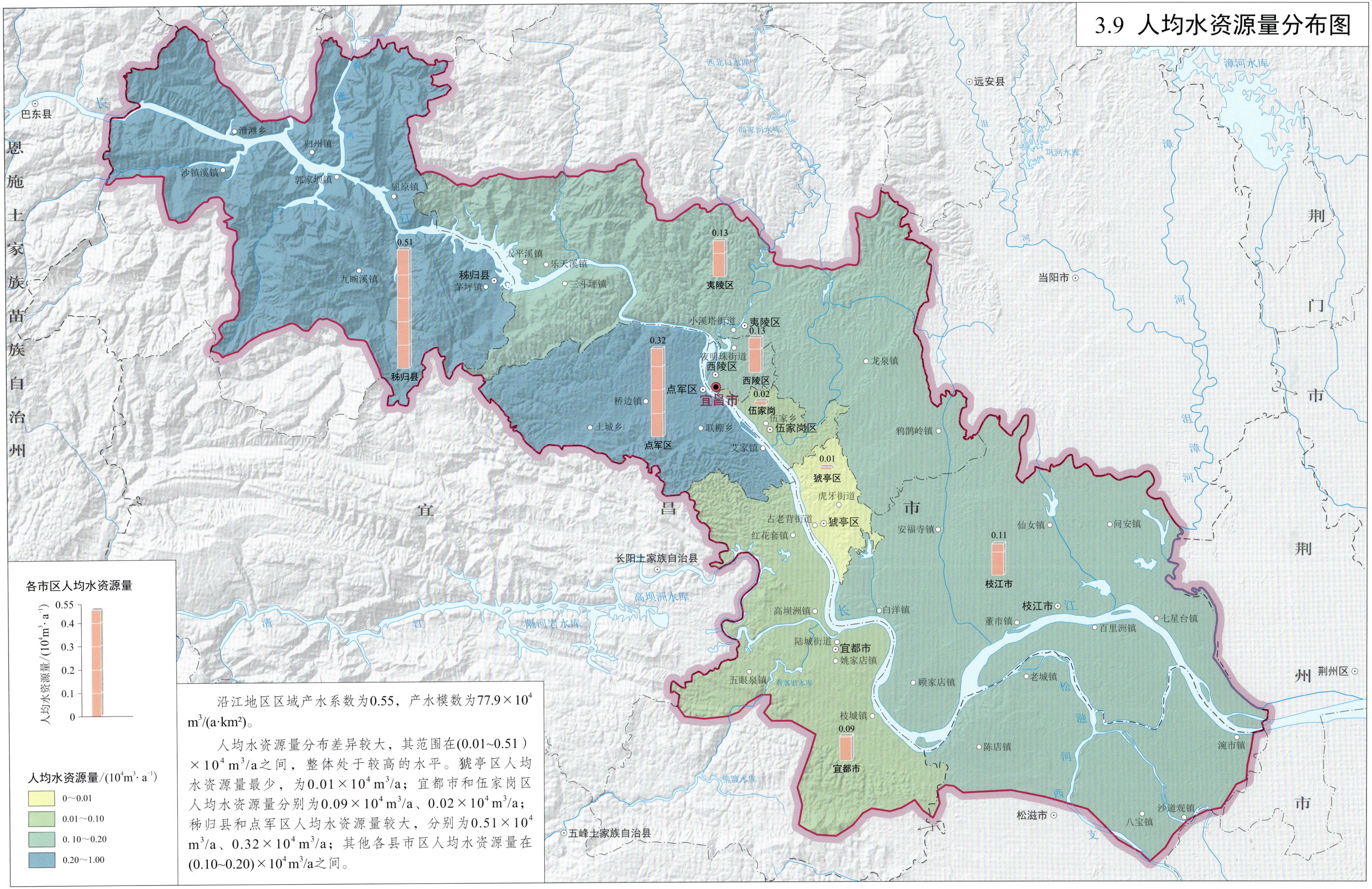

沿江地区区域产水系数为0.55，产水模数为77.9×10^4 $m^3/(a\cdot km^2)$。

人均水资源量分布差异较大，其范围在(0.01~0.51）$\times10^4$ m^3/a之间，整体处于较高的水平。猇亭区人均水资源量最少，为0.01×10^4 m^3/a；宜都市和伍家岗区人均水资源量分别为0.09×10^4 m^3/a、0.02×10^4 m^3/a；秭归县和点军区人均水资源量较大，分别为0.51×10^4 m^3/a、0.32×10^4 m^3/a；其他各县市区人均水资源量在(0.10~0.20)$\times10^4$ m^3/a之间。

资料来源：《宜昌市水资源公报》（2019年）。

4 土地资源

4.1 土地利用现状图

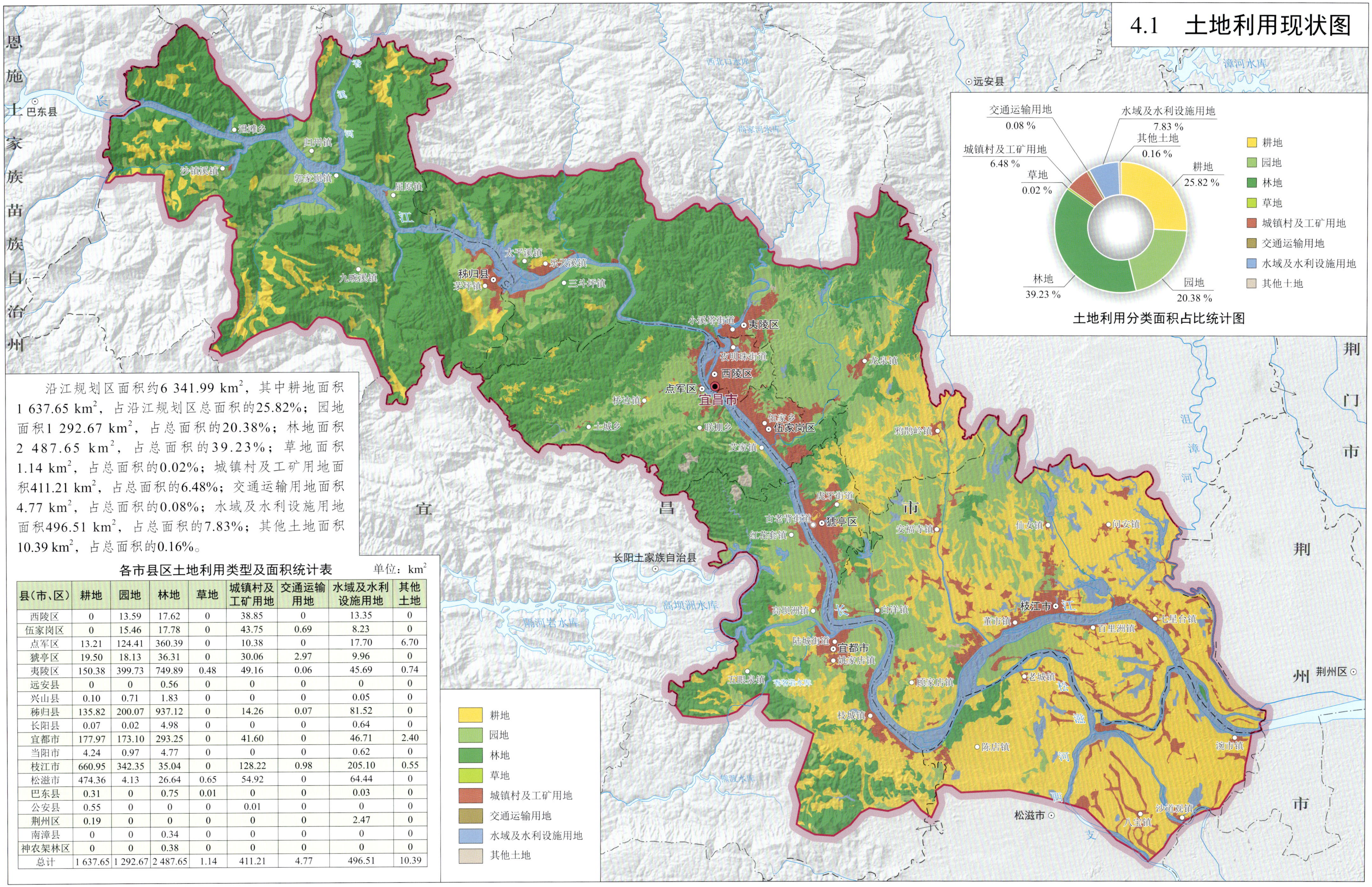

土地利用分类面积占比统计图

沿江规划区面积约6 341.99 km²，其中耕地面积1 637.65 km²，占沿江规划区总面积的25.82%；园地面积1 292.67 km²，占总面积的20.38%；林地面积2 487.65 km²，占总面积的39.23%；草地面积1.14 km²，占总面积的0.02%；城镇村及工矿用地面积411.21 km²，占总面积的6.48%；交通运输用地面积4.77 km²，占总面积的0.08%；水域及水利设施用地面积496.51 km²，占总面积的7.83%；其他土地面积10.39 km²，占总面积的0.16%。

各市县区土地利用类型及面积统计表　单位：km²

县(市、区)	耕地	园地	林地	草地	城镇村及工矿用地	交通运输用地	水域及水利设施用地	其他土地
西陵区	0	13.59	17.62	0	38.85	0	13.35	0
伍家岗区	0	15.46	17.78	0	43.75	0.69	8.23	0
点军区	13.21	124.41	360.39	0	10.38	0	17.70	6.70
猇亭区	19.50	18.13	36.31	0	30.06	2.97	9.96	0
夷陵区	150.38	399.73	749.89	0.48	49.16	0.06	45.69	0.74
远安县	0	0	0.56	0	0	0	0	0
兴山县	0.10	0.71	1.83	0	0	0	0.05	0
秭归县	135.82	200.07	937.12	0	14.26	0.07	81.52	0
长阳县	0.07	0.02	4.98	0	0	0	0.64	0
宜都市	177.97	173.10	293.25	0	41.60	0	46.71	2.40
当阳市	4.24	0.97	4.77	0	0	0	0.62	0
枝江市	660.95	342.35	35.04	0	128.22	0.98	205.10	0.55
松滋市	474.36	4.13	26.64	0.65	54.92	0	64.44	0
巴东县	0.31	0	0.75	0.01	0	0	0.03	0
公安县	0.55	0	0	0	0.01	0	0	0
荆州区	0.19	0	0	0	0	0	2.47	0
南漳县	0	0	0.34	0	0	0	0	0
神农架林区	0	0	0.38	0	0	0	0	0
总计	1 637.65	1 292.67	2 487.65	1.14	411.21	4.77	496.51	10.39

资料来源：第二次全国土地调查。

4.2 耕地资源分布图

沿江规划区耕地面积约1 637.65 km²，占沿江规划区总面积的25.82%。其中水田面积约903.27 km²，占耕地总面积的55.16%；水浇地面积约222.07 km²，占耕地总面积的13.56%；旱地面积约512.31 km²，占耕地总面积的31.28%。水旱比为1.76∶1，水田略多于旱地的原因主要是江汉平原西侧的枝江市、松滋市等地，水田多于旱地；虽然丘陵及山地地区的旱地略多于水田，但差值不及前者。西部山区水资源丰富，耕地面积少，东部平原丘陵区耕地面积多，但水资源量较少，水资源分布不均影响土地资源的合理利用与保护。

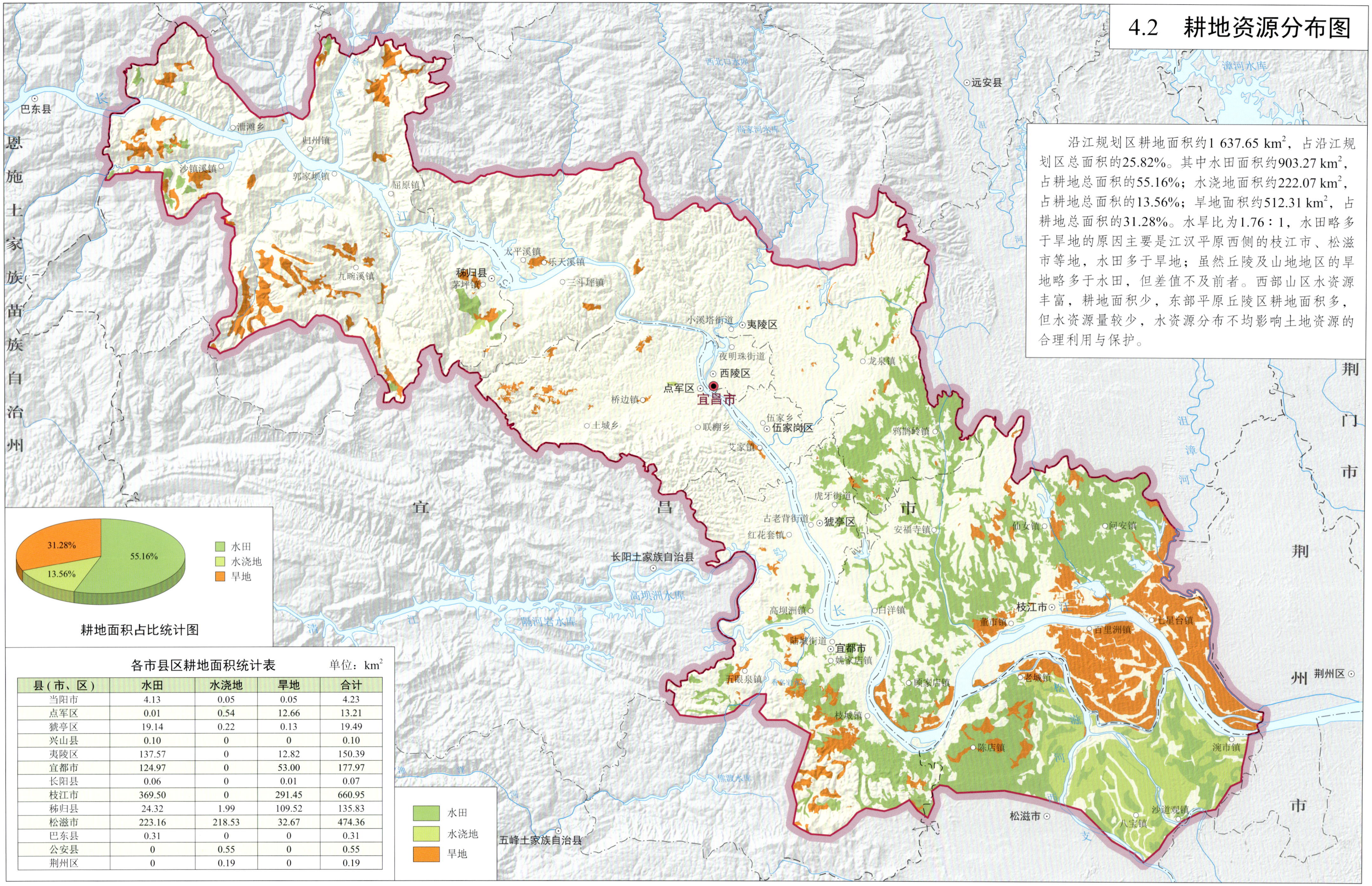

耕地面积占比统计图

各市县区耕地面积统计表　　单位：km²

县(市、区)	水田	水浇地	旱地	合计
当阳市	4.13	0.05	0.05	4.23
点军区	0.01	0.54	12.66	13.21
猇亭区	19.14	0.22	0.13	19.49
兴山县	0.10	0	0	0.10
夷陵区	137.57	0	12.82	150.39
宜都市	124.97	0	53.00	177.97
长阳县	0.06	0	0.01	0.07
枝江市	369.50	0	291.45	660.95
秭归县	24.32	1.99	109.52	135.83
松滋市	223.16	218.53	32.67	474.36
巴东县	0.31	0	0	0.31
公安县	0	0.55	0	0.55
荆州区	0	0.19	0	0.19

资料来源：第二次全国土地调查。

1∶500 000　0 5 10 15 km

4.3　土壤类型图

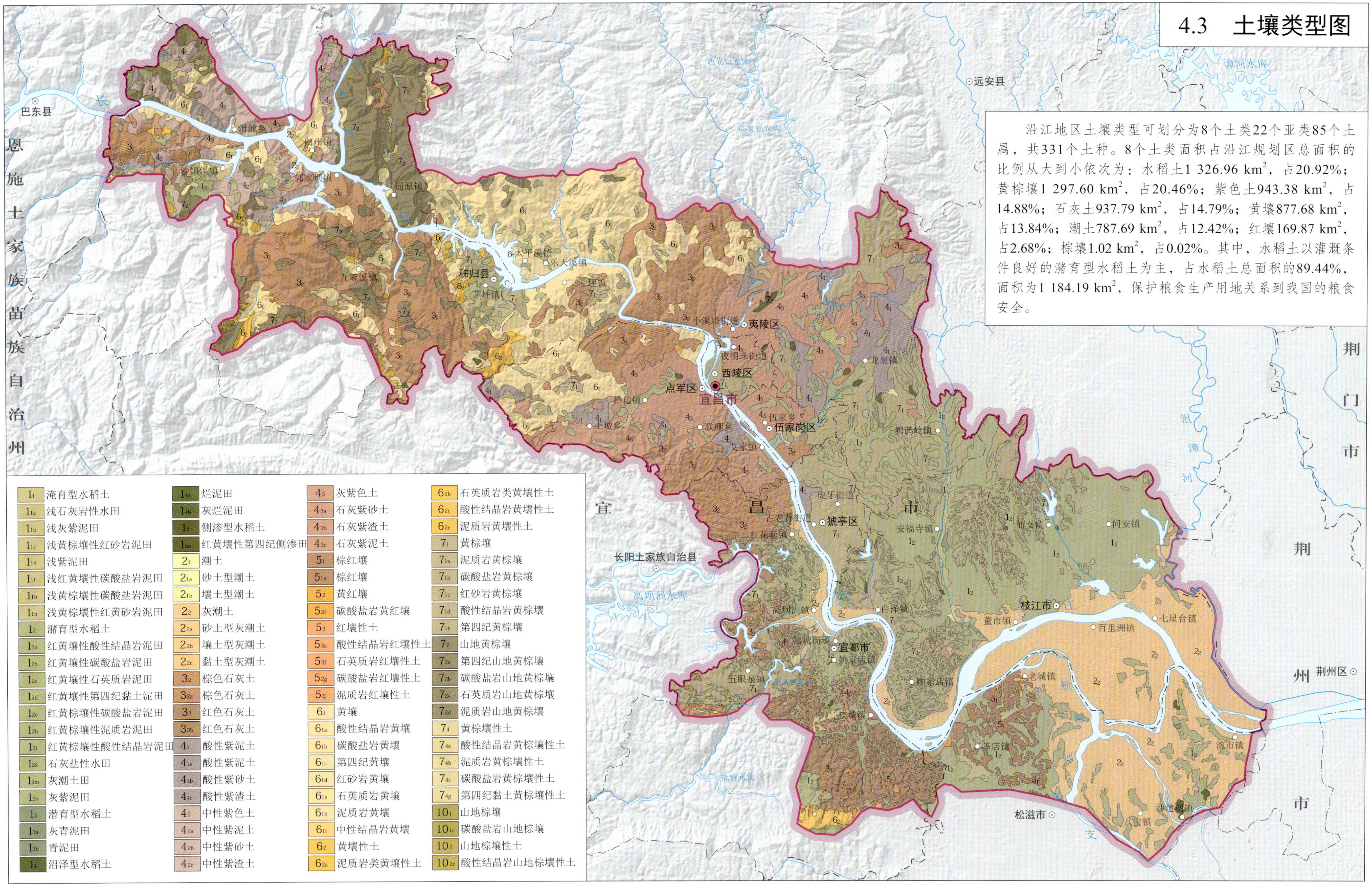

沿江地区土壤类型可划分为8个土类22个亚类85个土属，共331个土种。8个土类面积占沿江规划区总面积的比例从大到小依次为：水稻土1 326.96 km²，占20.92%；黄棕壤1 297.60 km²，占20.46%；紫色土943.38 km²，占14.88%；石灰土937.79 km²，占14.79%；黄壤877.68 km²，占13.84%；潮土787.69 km²，占12.42%；红壤169.87 km²，占2.68%；棕壤1.02 km²，占0.02%。其中，水稻土以灌溉条件良好的潴育型水稻土为主，占水稻土总面积的89.44%，面积为1 184.19 km²，保护粮食生产用地关系到我国的粮食安全。

资料来源：湖北省土壤图集。

4.4 土壤环境地球化学综合等级图

在单指标土壤环境地球化学等级划分的基础上，每个评价单元的土壤环境地球化学综合等级等同于单指标划分出的环境等级最差的等级。如砷、镉和铅划分出的环境地球化学等级分别为清洁、尚清洁、轻度污染时，该综合等级为轻度污染。环境综合等级为清洁的土壤分布面积最广，为3 665.51 km^2，占总面积的58.02%；尚清洁土壤面积为2 210.49 km^2，占总面积的34.99%，主要分布于郭家坝镇—九畹溪镇—三斗坪镇一带及八宝镇—沙道观镇—涴市镇一带；轻度污染土壤面积为438.92 km^2，占沿江规划区总面积的6.95%，主要分布于宜都市中部的五眼泉镇—红花套镇一带，部分在桥边镇呈条带状分布；中度污染土壤较少，面积仅为1.72 km^2，占沿江规划区总面积的0.03%，在枝城镇、三斗坪镇呈点状分布；重度污染土壤较少，面积仅为0.75 km^2，在三斗坪镇呈点状分布。

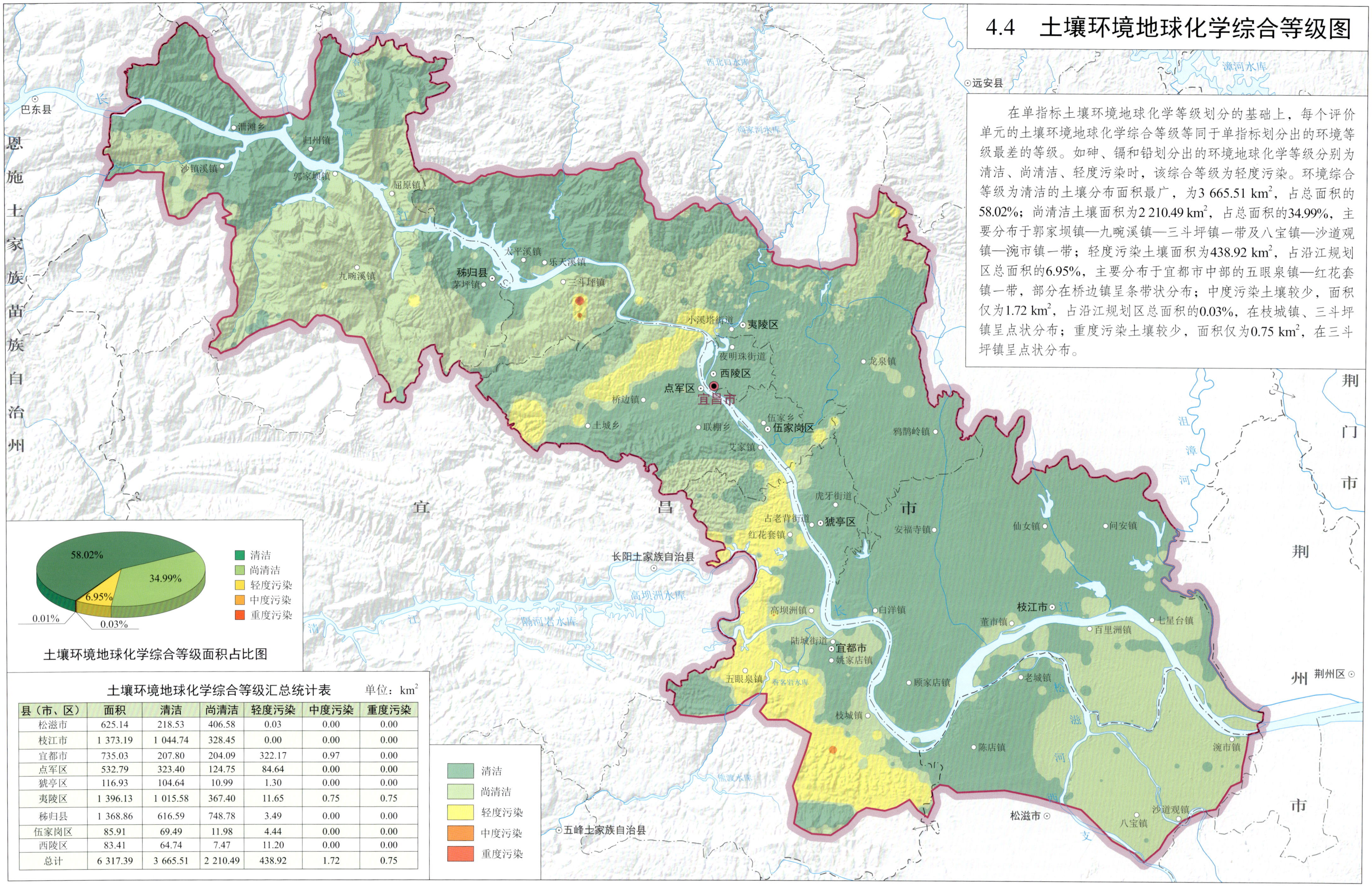

土壤环境地球化学综合等级面积占比图

土壤环境地球化学综合等级汇总统计表　单位：km^2

县（市、区）	面积	清洁	尚清洁	轻度污染	中度污染	重度污染
松滋市	625.14	218.53	406.58	0.03	0.00	0.00
枝江市	1 373.19	1 044.74	328.45	0.00	0.00	0.00
宜都市	735.03	207.80	204.09	322.17	0.97	0.00
点军区	532.79	323.40	124.75	84.64	0.00	0.00
猇亭区	116.93	104.64	10.99	1.30	0.00	0.00
夷陵区	1 396.13	1 015.58	367.40	11.65	0.75	0.75
秭归县	1 368.86	616.59	748.78	3.49	0.00	0.00
伍家岗区	85.91	69.49	11.98	4.44	0.00	0.00
西陵区	83.41	64.74	7.47	11.20	0.00	0.00
总计	6 317.39	3 665.51	2 210.49	438.92	1.72	0.75

清洁
尚清洁
轻度污染
中度污染
重度污染

资料来源：1∶25万多目标地球化学调查、1∶20万区域地球化学调查、黄柏河流域综合地质调查项目数据整理。

1∶500 000　0　5　10　15 km

4.5 土壤砷（As）元素地球化学等级图

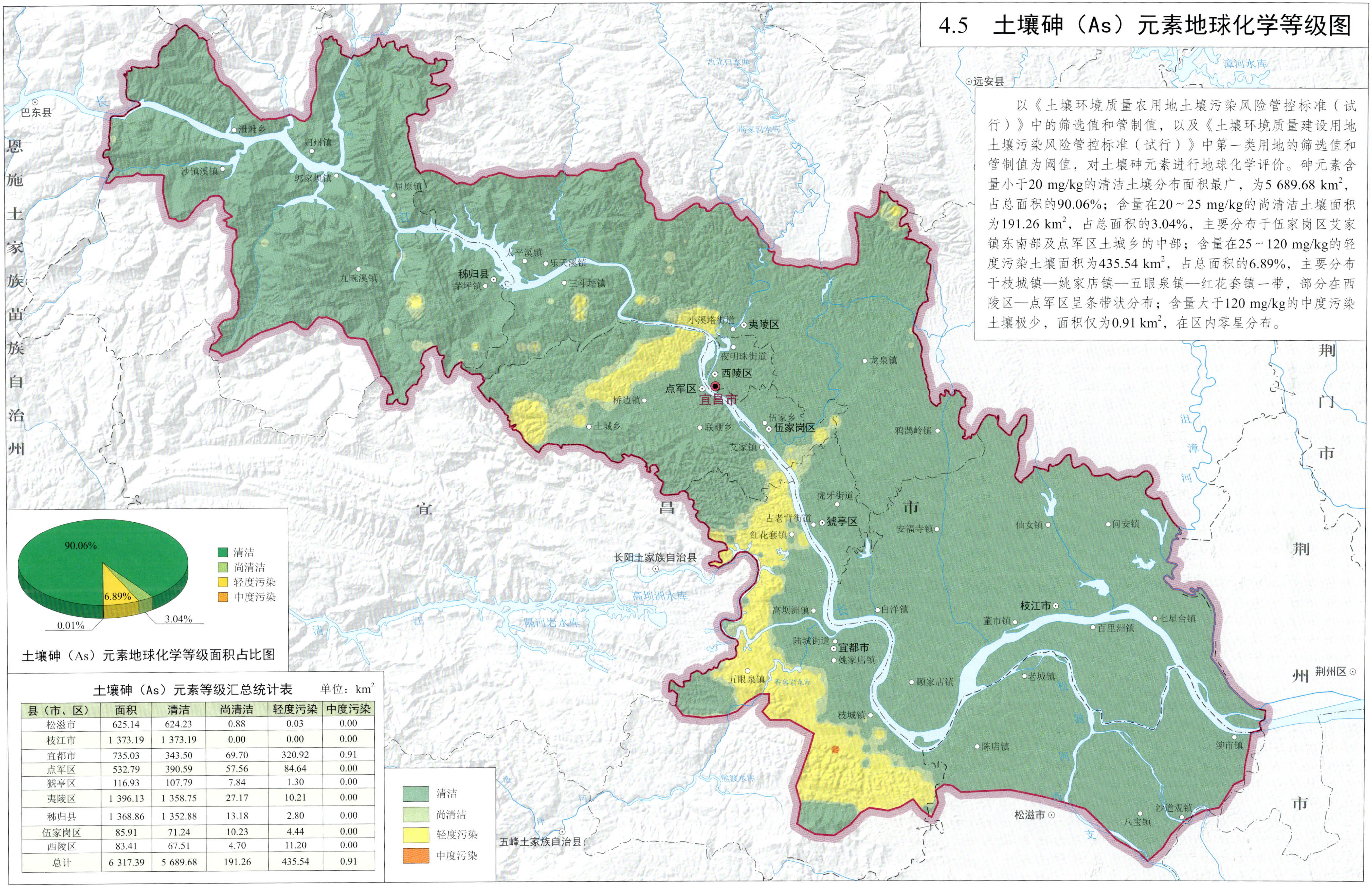

以《土壤环境质量农用地土壤污染风险管控标准（试行）》中的筛选值和管制值，以及《土壤环境质量建设用地土壤污染风险管控标准（试行）》中第一类用地的筛选值和管制值为阈值，对土壤砷元素进行地球化学评价。砷元素含量小于20 mg/kg的清洁土壤分布面积最广，为5 689.68 km^2，占总面积的90.06%；含量在20～25 mg/kg的尚清洁土壤面积为191.26 km^2，占总面积的3.04%，主要分布于伍家岗区艾家镇东南部及点军区土城乡的中部；含量在25～120 mg/kg的轻度污染土壤面积为435.54 km^2，占总面积的6.89%，主要分布于枝城镇—姚家店镇—五眼泉镇—红花套镇一带，部分在西陵区—点军区呈条带状分布；含量大于120 mg/kg的中度污染土壤极少，面积仅为0.91 km^2，在区内零星分布。

土壤砷（As）元素地球化学等级面积占比图

土壤砷（As）元素等级汇总统计表　单位：km^2

县（市、区）	面积	清洁	尚清洁	轻度污染	中度污染
松滋市	625.14	624.23	0.88	0.03	0.00
枝江市	1 373.19	1 373.19	0.00	0.00	0.00
宜都市	735.03	343.50	69.70	320.92	0.91
点军区	532.79	390.59	57.56	84.64	0.00
猇亭区	116.93	107.79	7.84	1.30	0.00
夷陵区	1 396.13	1 358.75	27.17	10.21	0.00
秭归县	1 368.86	1 352.88	13.18	2.80	0.00
伍家岗区	85.91	71.24	10.23	4.44	0.00
西陵区	83.41	67.51	4.70	11.20	0.00
总计	6 317.39	5 689.68	191.26	435.54	0.91

资料来源：1∶25万多目标地球化学调查、1∶20万区域地球化学调查、黄柏河流域综合地质调查项目数据整理。

1∶500 000　0　5　10　15 km

4.6 土壤镉（Cd）元素地球化学等级图

以《土壤环境质量农用地土壤污染风险管控标准（试行）》中的筛选值和管制值，以及《土壤环境质量建设用地土壤污染风险管控标准（试行）》中第一类用地的筛选值和管制值为阈值，对土壤镉元素进行地球化学评价。镉元素含量小于0.3 mg/kg的清洁土壤分布面积最广，为4 144.49 km²，占总面积的65.62%；含量在0.3～3 mg/kg的尚清洁土壤面积为2 172.12 km²，占总面积的34.37%，主要分布于屈原镇—九畹溪镇—三斗坪镇一带及百里洲镇—涴市镇—八宝镇一带；含量在3～20 mg/kg的轻度污染土壤极少，面积仅为0.78 km²，在区内呈点状分布。

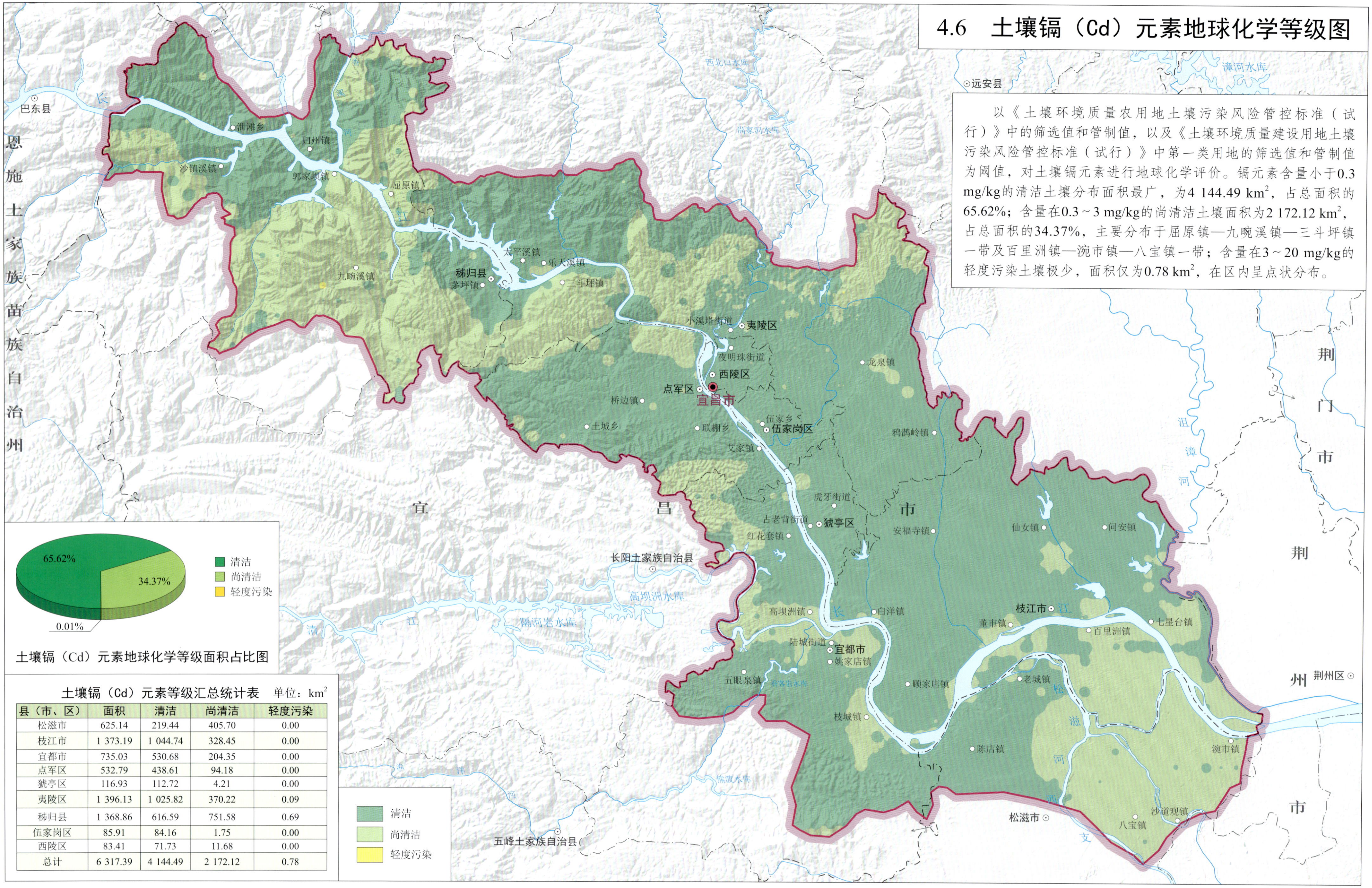

土壤镉（Cd）元素地球化学等级面积占比图

土壤镉（Cd）元素等级汇总统计表　单位：km²

县（市、区）	面积	清洁	尚清洁	轻度污染
松滋市	625.14	219.44	405.70	0.00
枝江市	1 373.19	1 044.74	328.45	0.00
宜都市	735.03	530.68	204.35	0.00
点军区	532.79	438.61	94.18	0.00
猇亭区	116.93	112.72	4.21	0.00
夷陵区	1 396.13	1 025.82	370.22	0.09
秭归县	1 368.86	616.59	751.58	0.69
伍家岗区	85.91	84.16	1.75	0.00
西陵区	83.41	71.73	11.68	0.00
总计	6 317.39	4 144.49	2 172.12	0.78

资料来源：1∶25万多目标地球化学调查、1∶20万区域地球化学调查、黄柏河流域综合地质调查项目数据整理。

4.7　土壤铅（Pb）元素地球化学等级图

以《土壤环境质量农用地土壤污染风险管控标准（试行）》中的筛选值和管制值，以及《土壤环境质量建设用地土壤污染风险管控标准（试行）》中第一类用地的筛选值和管制值为阈值，对土壤铅元素进行地球化学评价。铅元素含量小于120 mg/kg的清洁土壤分布面积极广，为6 285.95 km^2，占总面积的99.51%；含量在120～400 mg/kg的尚清洁土壤面积为23.68 km^2，占总面积的0.37%，在三斗坪镇及高坝洲镇内少量分布；含量大于400 mg/kg的污染土壤极少，面积为7.76 km^2，在三斗坪镇及高坝洲镇内呈点状分布。

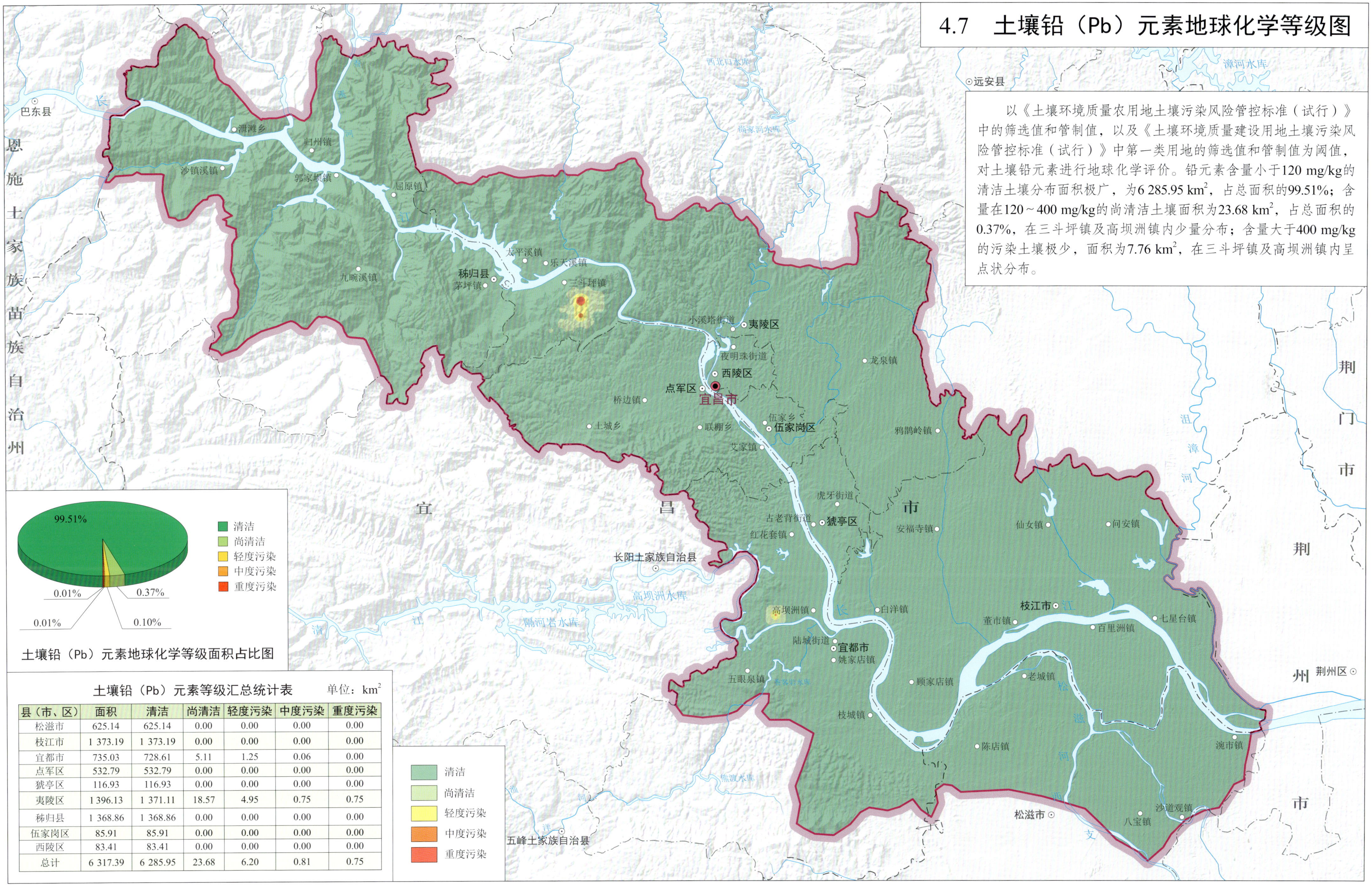

土壤铅（Pb）元素地球化学等级面积占比图

土壤铅（Pb）元素等级汇总统计表　　单位：km^2

县（市、区）	面积	清洁	尚清洁	轻度污染	中度污染	重度污染
松滋市	625.14	625.14	0.00	0.00	0.00	0.00
枝江市	1 373.19	1 373.19	0.00	0.00	0.00	0.00
宜都市	735.03	728.61	5.11	1.25	0.06	0.00
点军区	532.79	532.79	0.00	0.00	0.00	0.00
猇亭区	116.93	116.93	0.00	0.00	0.00	0.00
夷陵区	1 396.13	1 371.11	18.57	4.95	0.75	0.75
秭归县	1 368.86	1 368.86	0.00	0.00	0.00	0.00
伍家岗区	85.91	85.91	0.00	0.00	0.00	0.00
西陵区	83.41	83.41	0.00	0.00	0.00	0.00
总计	6 317.39	6 285.95	23.68	6.20	0.81	0.75

资料来源：1∶25万多目标地球化学调查、1∶20万区域地球化学调查、黄柏河流域综合地质调查项目数据整理。

1∶500 000

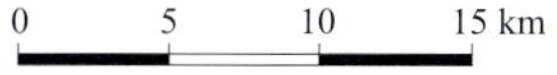

4.8 土壤磷（P）元素地球化学等级图

以《土地质量地球化学评价规范》中的标准值为阈值，对土壤磷元素进行地球化学评价。沿江地区磷养分缺乏，磷元素含量大于1000 mg/kg的丰富土壤较少，面积为540.77 km^2，占总面积的8.56%，主要分布于夷陵区北部和秭归县南部；含量在800～1000 mg/kg的较丰富土壤面积为1 285.02 km^2，占总面积的20.34%，主要分布于枝江市东南部的七星台镇及松滋市北部的八宝镇—沙道观镇—涴市镇一带；含量在600～800 mg/kg的中等土壤面积为1 829.24 km^2，占总面积的28.96%，主要分布在秭归县内；含量在400～600 mg/kg的较缺乏土壤面积为2 231.04 km^2，占总面积的35.31%，在区内大面积分布；含量小于400 mg/kg的缺乏土壤面积为431.32 km^2，占总面积的6.83%，主要分布于鸦鹊岭镇北部及桥边镇—土城乡一带。

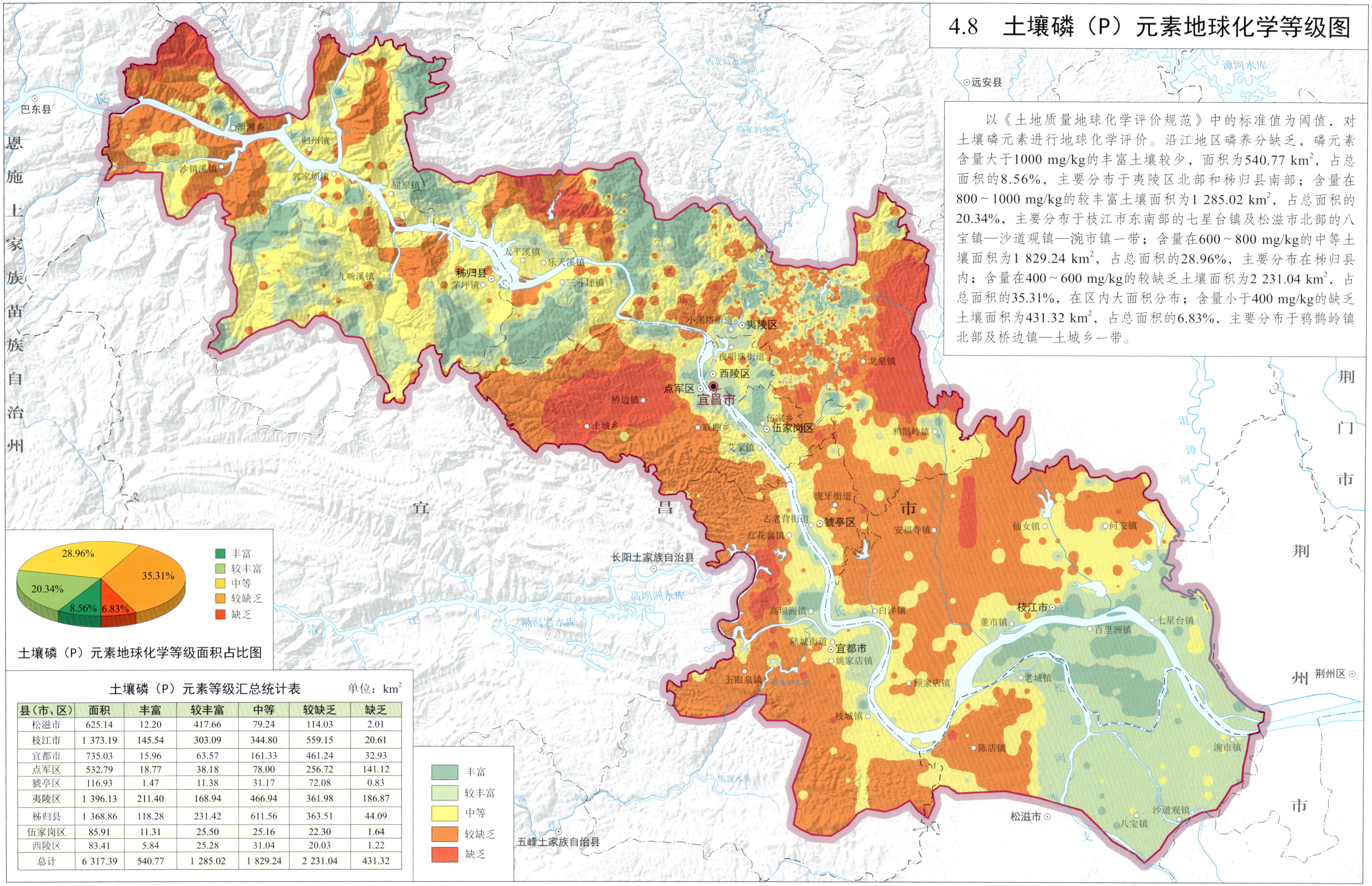

土壤磷（P）元素地球化学等级面积占比图

土壤磷（P）元素等级汇总统计表 单位：km^2

县（市、区）	面积	丰富	较丰富	中等	较缺乏	缺乏
松滋市	625.14	12.20	417.66	79.24	114.03	2.01
枝江市	1 373.19	145.54	303.09	344.80	559.15	20.61
宜都市	735.03	15.96	63.57	161.33	461.24	32.93
点军区	532.79	18.77	38.18	78.00	256.72	141.12
猇亭区	116.93	1.47	11.38	31.17	72.08	0.83
夷陵区	1 396.13	211.40	168.94	466.94	361.98	186.87
秭归县	1 368.86	118.28	231.42	611.56	363.51	44.09
伍家岗区	85.91	11.31	25.50	25.16	22.30	1.64
西陵区	83.41	5.84	25.28	31.04	20.03	1.22
总计	6 317.39	540.77	1 285.02	1 829.24	2 231.04	431.32

资料来源：1∶25万多目标地球化学调查、1∶20万区域地球化学调查、黄柏河流域综合地质调查项目数据整理。

4.9　土壤酸碱度（pH）地球化学等级图

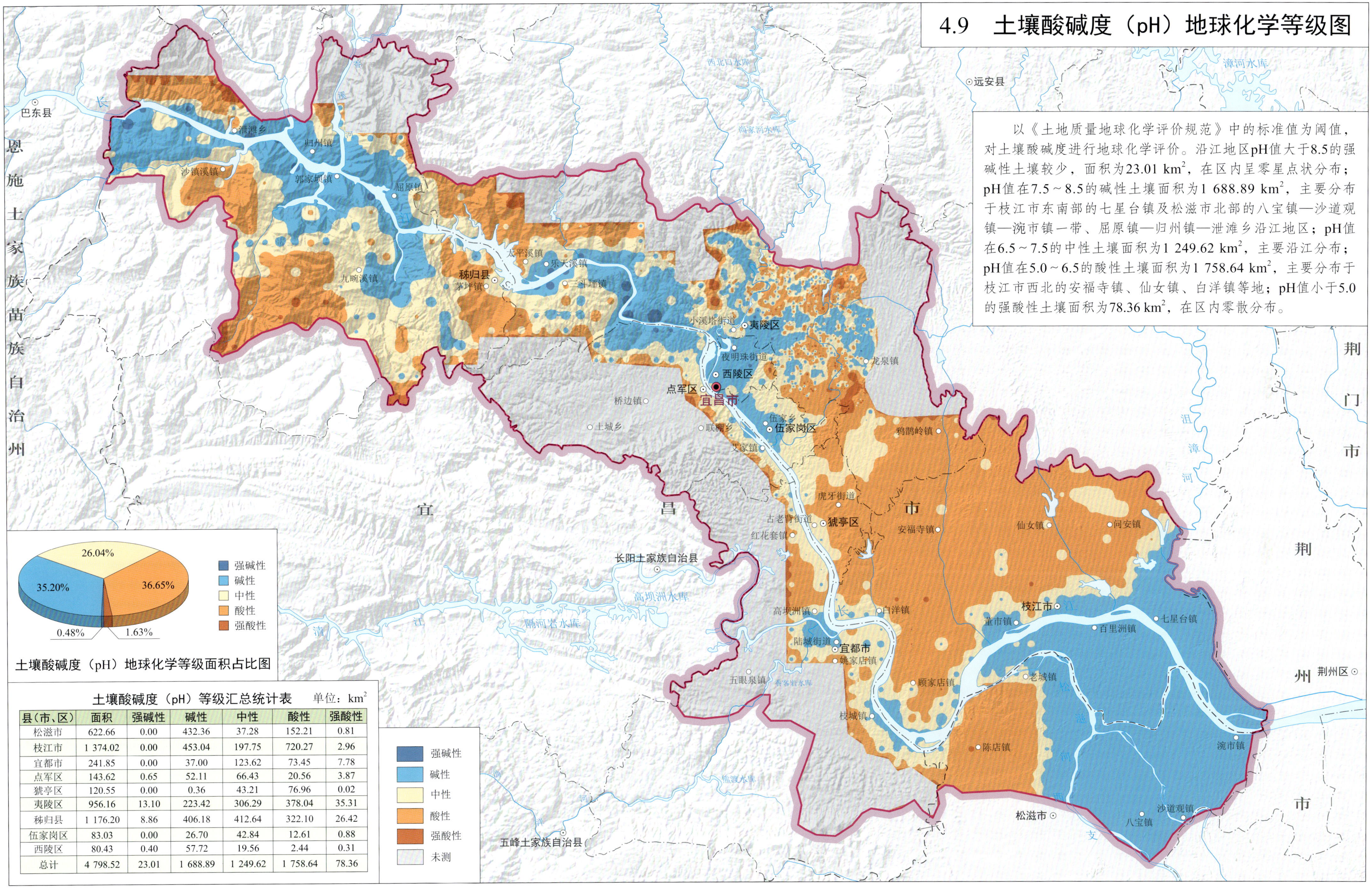

以《土地质量地球化学评价规范》中的标准值为阈值，对土壤酸碱度进行地球化学评价。沿江地区pH值大于8.5的强碱性土壤较少，面积为23.01 km^2，在区内呈零星点状分布；pH值在7.5～8.5的碱性土壤面积为1 688.89 km^2，主要分布于枝江市东南部的七星台镇及松滋市北部的八宝镇—沙道观镇—涴市镇一带、屈原镇—归州镇—泄滩乡沿江地区；pH值在6.5～7.5的中性土壤面积为1 249.62 km^2，主要沿江分布；pH值在5.0～6.5的酸性土壤面积为1 758.64 km^2，主要分布于枝江市西北的安福寺镇、仙女镇、白洋镇等地；pH值小于5.0的强酸性土壤面积为78.36 km^2，在区内零散分布。

土壤酸碱度（pH）地球化学等级面积占比图

土壤酸碱度（pH）等级汇总统计表　单位：km^2

县(市、区)	面积	强碱性	碱性	中性	酸性	强酸性
松滋市	622.66	0.00	432.36	37.28	152.21	0.81
枝江市	1 374.02	0.00	453.04	197.75	720.27	2.96
宜都市	241.85	0.00	37.00	123.62	73.45	7.78
点军区	143.62	0.65	52.11	66.43	20.56	3.87
猇亭区	120.55	0.00	0.36	43.21	76.96	0.02
夷陵区	956.16	13.10	223.42	306.29	378.04	35.31
秭归县	1 176.20	8.86	406.18	412.64	322.10	26.42
伍家岗区	83.03	0.00	26.70	42.84	12.61	0.88
西陵区	80.43	0.40	57.72	19.56	2.44	0.31
总计	4 798.52	23.01	1 688.89	1 249.62	1 758.64	78.36

强碱性
碱性
中性
酸性
强酸性
未测

资料来源：1∶25万多目标地球化学调查、1∶20万区域地球化学调查、黄柏河流域综合地质调查项目数据整理。

1∶500 000　0　5　10　15 km

5 地质灾害

5.1 地质灾害分布图

截至2019年，沿江地区共有各类地质灾害点931处，其中，滑坡528处（不稳定滑坡43处，基本稳定滑坡474处，稳定滑坡11处）；崩塌126处（不稳定崩塌34处，基本稳定崩塌89处，稳定崩塌3处）；斜坡隐患259处（不稳定斜坡41处，基本稳定斜坡201处，稳定斜坡17处）；地面塌陷1处，为不稳定塌陷；泥石流17处（不稳定泥石流8处，基本稳定泥石流9处）。

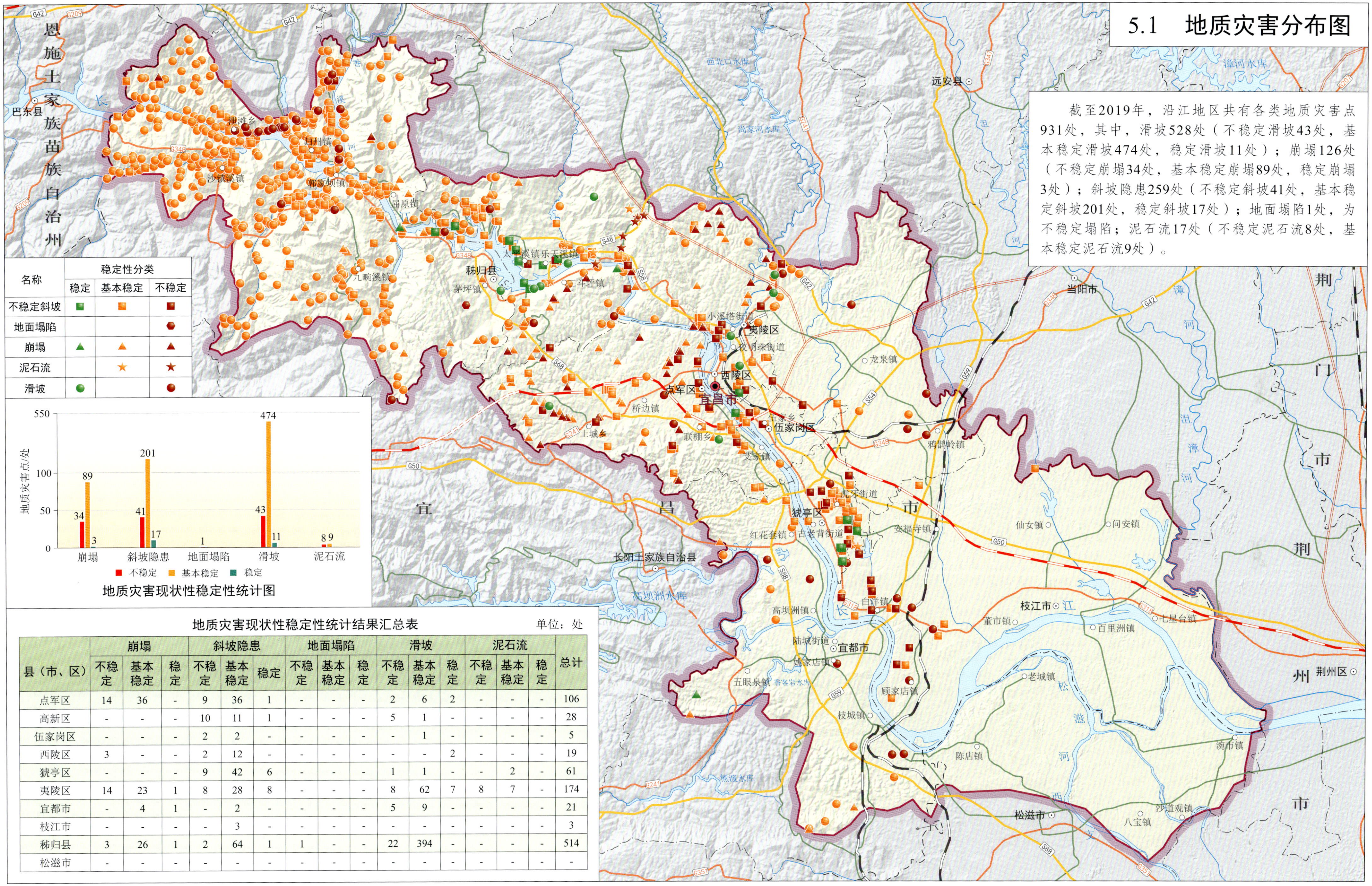

地质灾害现状性稳定性统计图

地质灾害现状性稳定性统计结果汇总表

单位：处

县（市、区）	崩塌			斜坡隐患			地面塌陷			滑坡			泥石流			总计
	不稳定	基本稳定	稳定	不稳定	基本稳定	稳定	不稳定	基本稳定	稳定	不稳定	基本稳定	稳定	不稳定	基本稳定	稳定	
点军区	14	36	-	9	36	1	-	-	-	2	6	2	-	-	-	106
高新区	-	-	-	10	11	1	-	-	-	5	1	-	-	-	-	28
伍家岗区	-	-	-	2	2	-	-	-	-	-	1	-	-	-	-	5
西陵区	3	-	-	2	12	-	-	-	-	-	-	2	-	-	-	19
猇亭区	-	-	-	9	42	6	-	-	-	1	1	-	-	2	-	61
夷陵区	14	23	1	8	28	8	-	-	-	8	62	7	8	7	-	174
宜都市	-	4	1	-	2	-	-	-	-	5	9	-	-	-	-	21
枝江市	-	-	-	-	3	-	-	-	-	-	-	-	-	-	-	3
秭归县	3	26	1	2	64	1	1	-	-	22	394	-	-	-	-	514
松滋市	-	-	-	-	-	-	-	-	-	-	-	-	-	-	-	-

资料来源：宜昌市地质灾害防治“十三五”规划、沿江区1∶2.5万工程地质调查数据整理。

5.2 地质灾害易发性区划图

从地质灾害所处的基础地质环境和主要人类工程活动影响因素中提取与灾害发育相关性较大的因子，构建易发性评价指标体系，最终选择地层岩组、斜坡结构、断层、道路、水系、坡度、坡向、起伏度8个因素作为评价因子，采用信息量法计算各因子对灾害发生的贡献率及各评价单元的易发性，根据栅格信息量及滑坡单元所占百分比的分布规律，采用自然间断点法将地质灾害易发性结果划分为5个等级：低易发区、较低易发区、中易发区、较高易发区和高易发区。结果表明，高易发区和较高易发区主要分布在秭归县泄滩乡—归州镇—屈原镇一带等地形变化较大的高陡斜坡地带；较低易发区和中等易发区主要分布在宜都市内、夷陵区内中部及南部等地势相对平坦的低山丘陵地区；低易发区主要分布在松滋市、枝江市等平原地带。

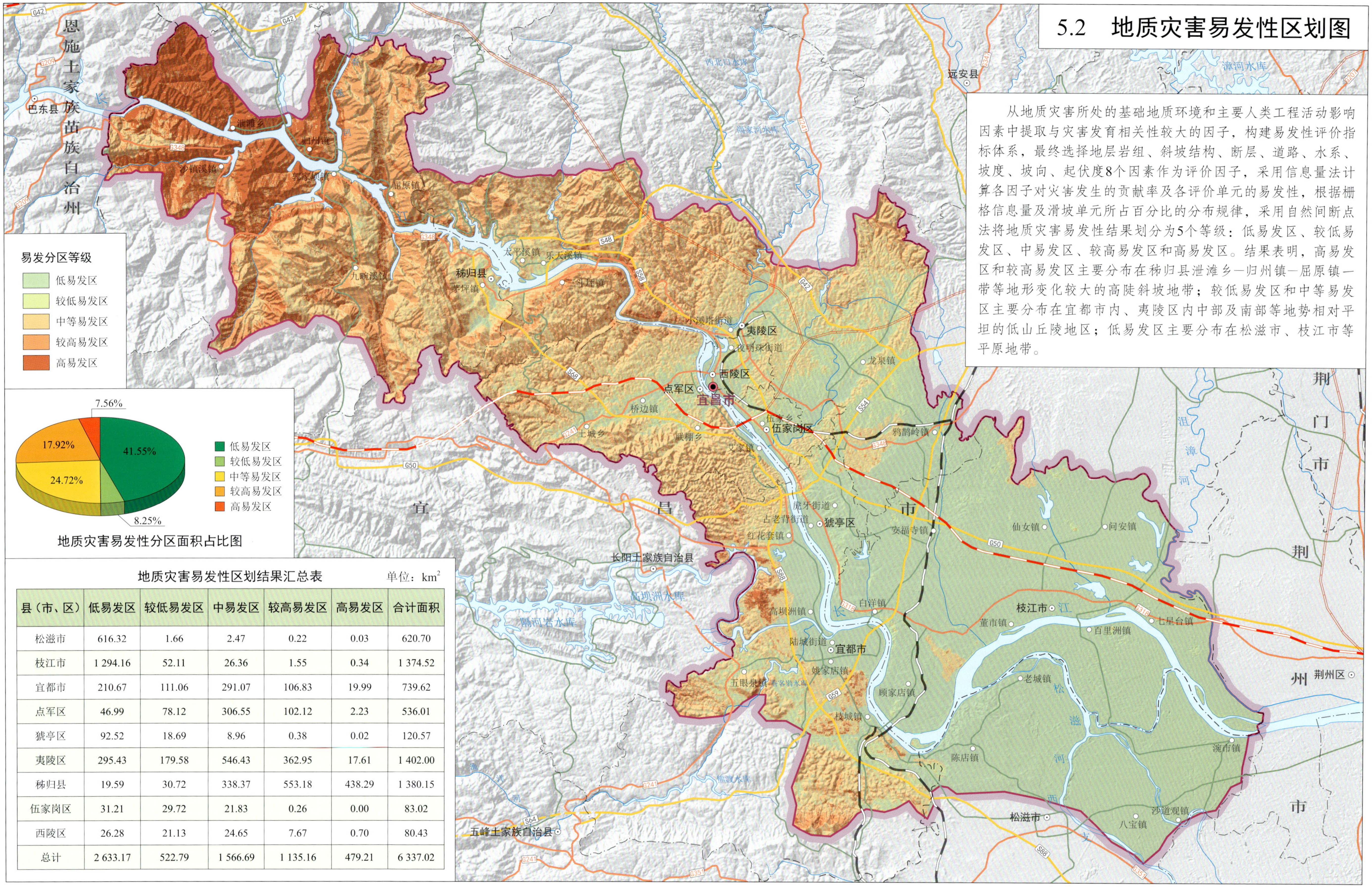

地质灾害易发性分区面积占比图

地质灾害易发性区划结果汇总表 单位：km²

县（市、区）	低易发区	较低易发区	中易发区	较高易发区	高易发区	合计面积
松滋市	616.32	1.66	2.47	0.22	0.03	620.70
枝江市	1 294.16	52.11	26.36	1.55	0.34	1 374.52
宜都市	210.67	111.06	291.07	106.83	19.99	739.62
点军区	46.99	78.12	306.55	102.12	2.23	536.01
猇亭区	92.52	18.69	8.96	0.38	0.02	120.57
夷陵区	295.43	179.58	546.43	362.95	17.61	1 402.00
秭归县	19.59	30.72	338.37	553.18	438.29	1 380.15
伍家岗区	31.21	29.72	21.83	0.26	0.00	83.02
西陵区	26.28	21.13	24.65	7.67	0.70	80.43
总计	2 633.17	522.79	1 566.69	1 135.16	479.21	6 337.02

资料来源：宜昌市地质灾害防治“十三五”规划、沿江区1∶2.5万工程地质调查数据整理。

5.3 地质灾害危险性区划图

地质灾害危险性是指在某种诱发因素作用下，一定区域内某一时间段发生特定规模和类型地质灾害的概率。降水是沿江地区地质灾害的主要诱发因素，根据各气象站30a降水数据，对各站点多年平均降水量进行插值，得到降水等值线图，作为滑坡区域危险性评价的时间概率指标。将降水评价分级结果与易发性进行叠加，得到危险性，采用自然间断点法将地质灾害危险性结果划分为5个等级：低危险性区、较低危险性区、中危险性区、较高危险性区和高危险性区。结果表明，低危险性区主要分布在区内松滋市、枝江市等平原地带；较低危险性区和中等危险性区广泛分布在区内秭归县中部一夷陵区一带、宜都市西南部等地势相对平坦的低山丘陵地区；高危险性区和较高危险性区主要分布在秭归县泄滩乡一归州镇一屈原镇一带等地形变化较大的高陡斜坡地带。

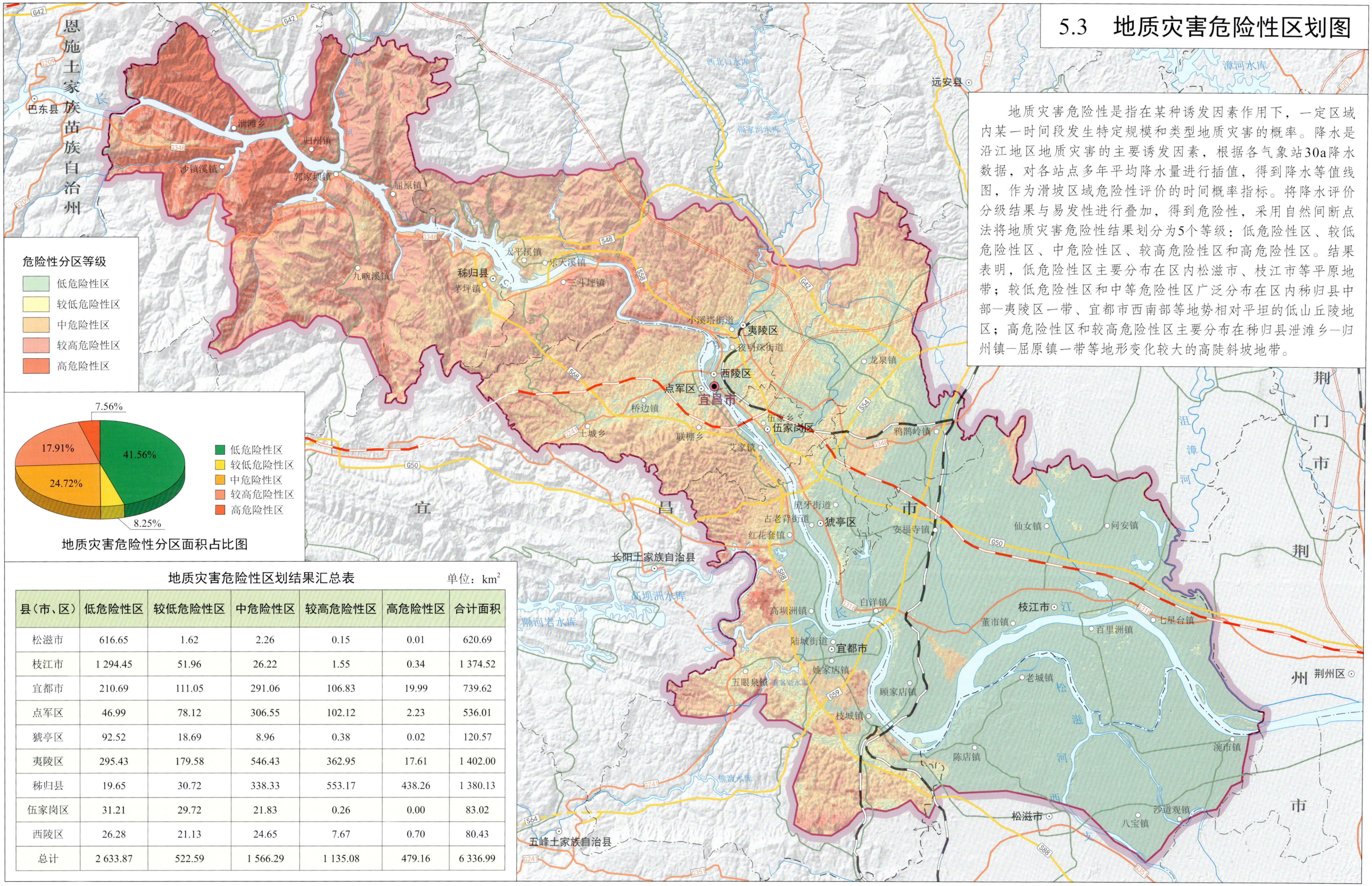

地质灾害危险性分区面积占比图

地质灾害危险性区划结果汇总表　　单位：km²

县（市、区）	低危险性区	较低危险性区	中危险性区	较高危险性区	高危险性区	合计面积
松滋市	616.65	1.62	2.26	0.15	0.01	620.69
枝江市	1 294.45	51.96	26.22	1.55	0.34	1 374.52
宜都市	210.69	111.05	291.06	106.83	19.99	739.62
点军区	46.99	78.12	306.55	102.12	2.23	536.01
猇亭区	92.52	18.69	8.96	0.38	0.02	120.57
夷陵区	295.43	179.58	546.43	362.95	17.61	1 402.00
秭归县	19.65	30.72	338.33	553.17	438.26	1 380.13
伍家岗区	31.21	29.72	21.83	0.26	0.00	83.02
西陵区	26.28	21.13	24.65	7.67	0.70	80.43
总计	2 633.87	522.59	1 566.29	1 135.08	479.16	6 336.99

资料来源：宜昌市地质灾害防治“十三五”规划、沿江区1∶2.5万工程地质调查数据整理。

1∶500 000　0　5　10　15 km

5.4 地质灾害风险区划图

地质灾害风险为生命、财产可能遭受不利影响的严重程度的大小。通过叠加地质灾害危险性、易损性评价成果，采用半定量的方式分别计算经济风险和人员伤亡风险，最后采用叠加的方法计算得到沿江地区综合风险分布图。根据自然断点法将地质灾害风险结果划分为5个等级：低风险区、较低风险区、中风险区、较高风险区和高风险区。结果表明，沿江地区地质灾害风险等级大多为低风险区和较低风险区，相应的人员伤亡及经济损失约为65人/km^2、195人/km^{2}和597万元/km^2、2310万元/km^2；中风险区域主要分布在伍家岗区、点军区、夷陵区南部一带以及秭归县茅坪镇，其人员伤亡和经济损失约为585人/km^2、4396万元/km^2；高及较高风险区主要零星分布在秭归泄滩乡、沙镇溪镇、归州镇及乐天溪镇，对应的人员伤亡及经济损失约为1548人/km^2、2138人/km^{2}和12 320万元/km^2、14 635万元/km^2。

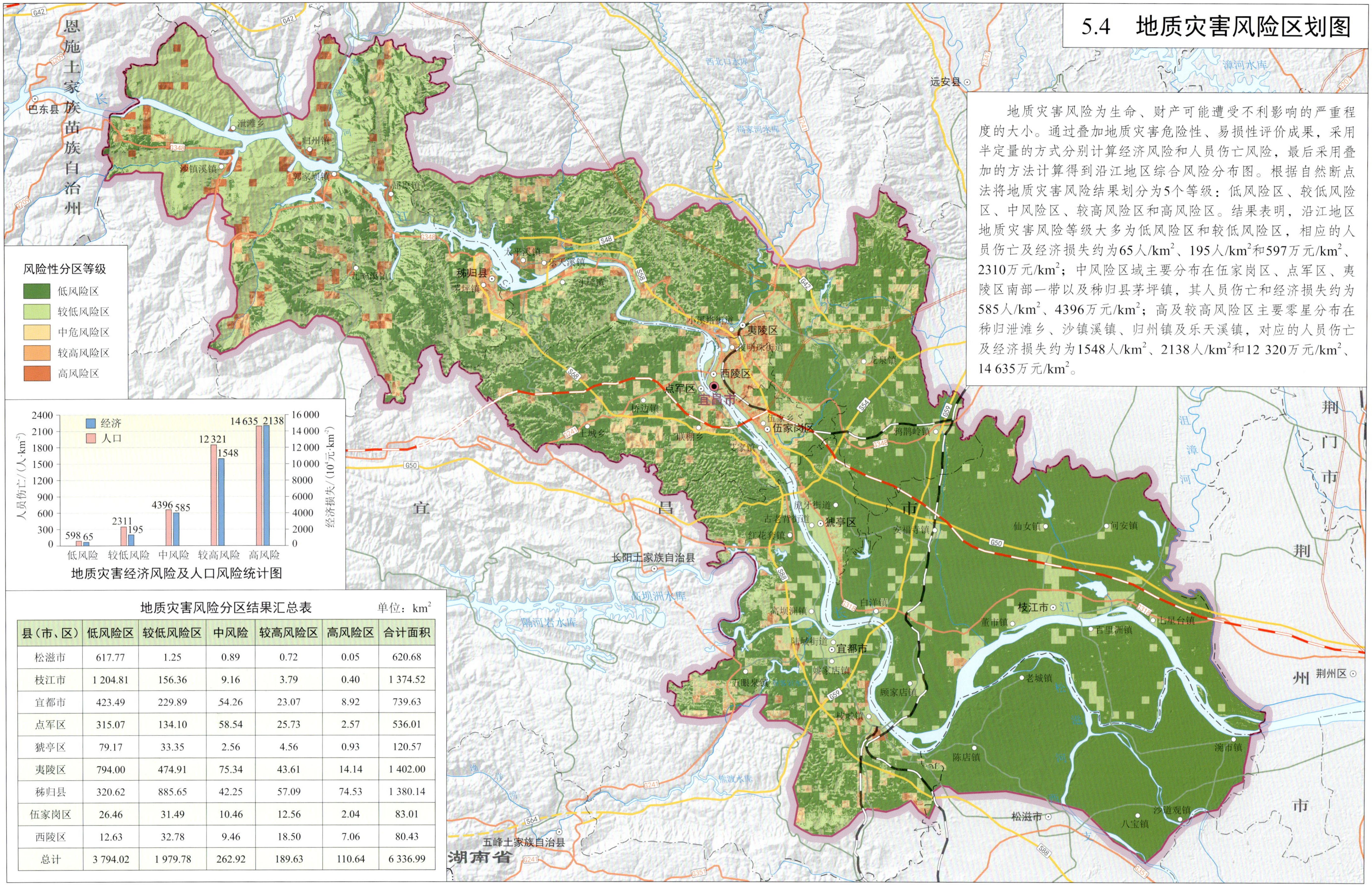

地质灾害经济风险及人口风险统计图

地质灾害风险分区结果汇总表　　单位：km^2

县（市、区）	低风险区	较低风险区	中风险	较高风险区	高风险区	合计面积
松滋市	617.77	1.25	0.89	0.72	0.05	620.68
枝江市	1 204.81	156.36	9.16	3.79	0.40	1 374.52
宜都市	423.49	229.89	54.26	23.07	8.92	739.63
点军区	315.07	134.10	58.54	25.73	2.57	536.01
猇亭区	79.17	33.35	2.56	4.56	0.93	120.57
夷陵区	794.00	474.91	75.34	43.61	14.14	1 402.00
秭归县	320.62	885.65	42.25	57.09	74.53	1 380.14
伍家岗区	26.46	31.49	10.46	12.56	2.04	83.01
西陵区	12.63	32.78	9.46	18.50	7.06	80.43
总计	3 794.02	1 979.78	262.92	189.63	110.64	6 336.99

资料来源：宜昌市地质灾害防治“十三五”规划、沿江区1∶2.5万工程地质调查数据整理。

1∶500 000　0　5　10　15 km

5.5 地质灾害防治规划分区图

依据沿江地区地质灾害发育特征，遵循地质环境条件基本相似、地质灾害类型基本相近、集中连片的原则，与人口密度、经济结构、重大工程相适应的原则，结合经济与社会发展规划进行地质灾害防治分区，将沿江地区分为10个区域，其中重点防治区3个、次重点防治区4个和一般防治区3个。

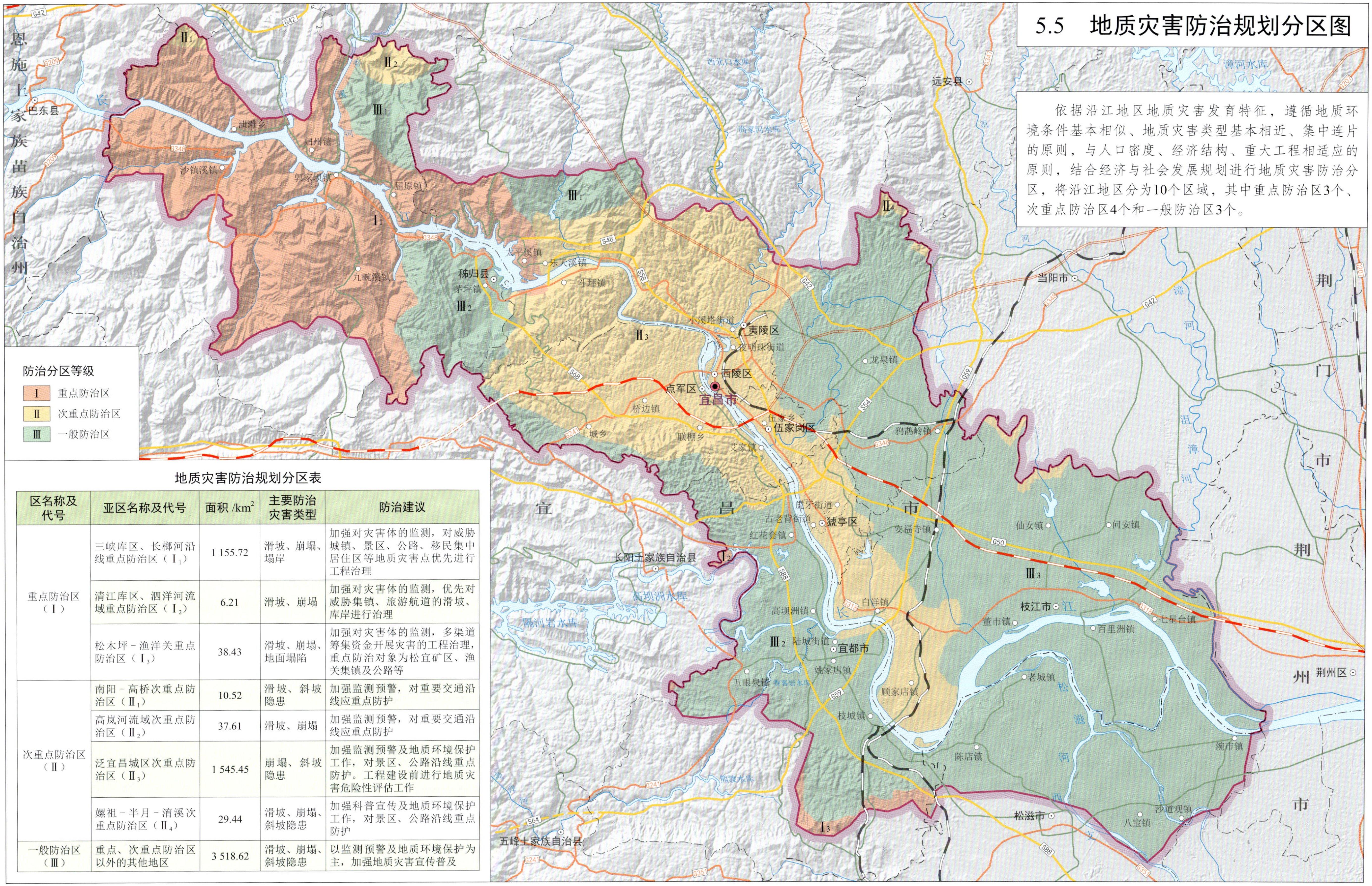

地质灾害防治规划分区表

区名称及代号	亚区名称及代号	面积 /km²	主要防治灾害类型	防治建议
重点防治区（Ⅰ）	三峡库区、长梆河沿线重点防治区（$Ⅰ_1$）	1 155.72	滑坡、崩塌、塌岸	加强对灾害体的监测，对威胁城镇、景区、公路、移民集中居住区等地质灾害点优先进行工程治理
	清江库区、泗洋河流域重点防治区（$Ⅰ_2$）	6.21	滑坡、崩塌	加强对灾害体的监测，优先对威胁集镇、旅游航道的滑坡、库岸进行治理
	松木坪－渔洋关重点防治区（$Ⅰ_3$）	38.43	滑坡、崩塌、地面塌陷	加强对灾害体的监测，多渠道筹集资金开展灾害的工程治理，重点防治对象为松宜矿区、渔关集镇及公路等
次重点防治区（Ⅱ）	南阳－高桥次重点防治区（$Ⅱ_1$）	10.52	滑坡、斜坡隐患	加强监测预警，对重要交通沿线应重点防护
	高岚河流域次重点防治区（$Ⅱ_2$）	37.61	滑坡、崩塌	加强监测预警，对重要交通沿线应重点防护
	泛宜昌城区次重点防治区（$Ⅱ_3$）	1 545.45	崩塌、斜坡隐患	加强监测预警及地质环境保护工作，对景区、公路沿线重点防护。工程建设前进行地质灾害危险性评估工作
	嫘祖－半月－消溪次重点防治区（$Ⅱ_4$）	29.44	滑坡、崩塌、斜坡隐患	加强科普宣传及地质环境保护工作，对景区、公路沿线重点防护
一般防治区（Ⅲ）	重点、次重点防治区以外的其他地区	3 518.62	滑坡、崩塌、斜坡隐患	以监测预警及地质环境保护为主，加强地质灾害宣传普及

资料来源：资源环境数据综合分析结果（2021年）。

6 地质遗迹与自然保护区

6.1 地质遗迹分布图

宜昌市特殊的地质构造作用，形成丰富多样、类型齐全的省级以上地质遗迹资源66处，其中仅长江沿线分布的省级以上地质遗迹资源多达23处，多数分布于山地和长江及支流的交汇区域，包含世界级地质遗迹1处，即三峡地区埃迪卡拉动物群；国家级地质遗迹7处，即庙河生物群和链子崖岩危岩体等。此地质遗址科学内涵丰富，开发潜力巨大，形成各类旅游资源达上百处。

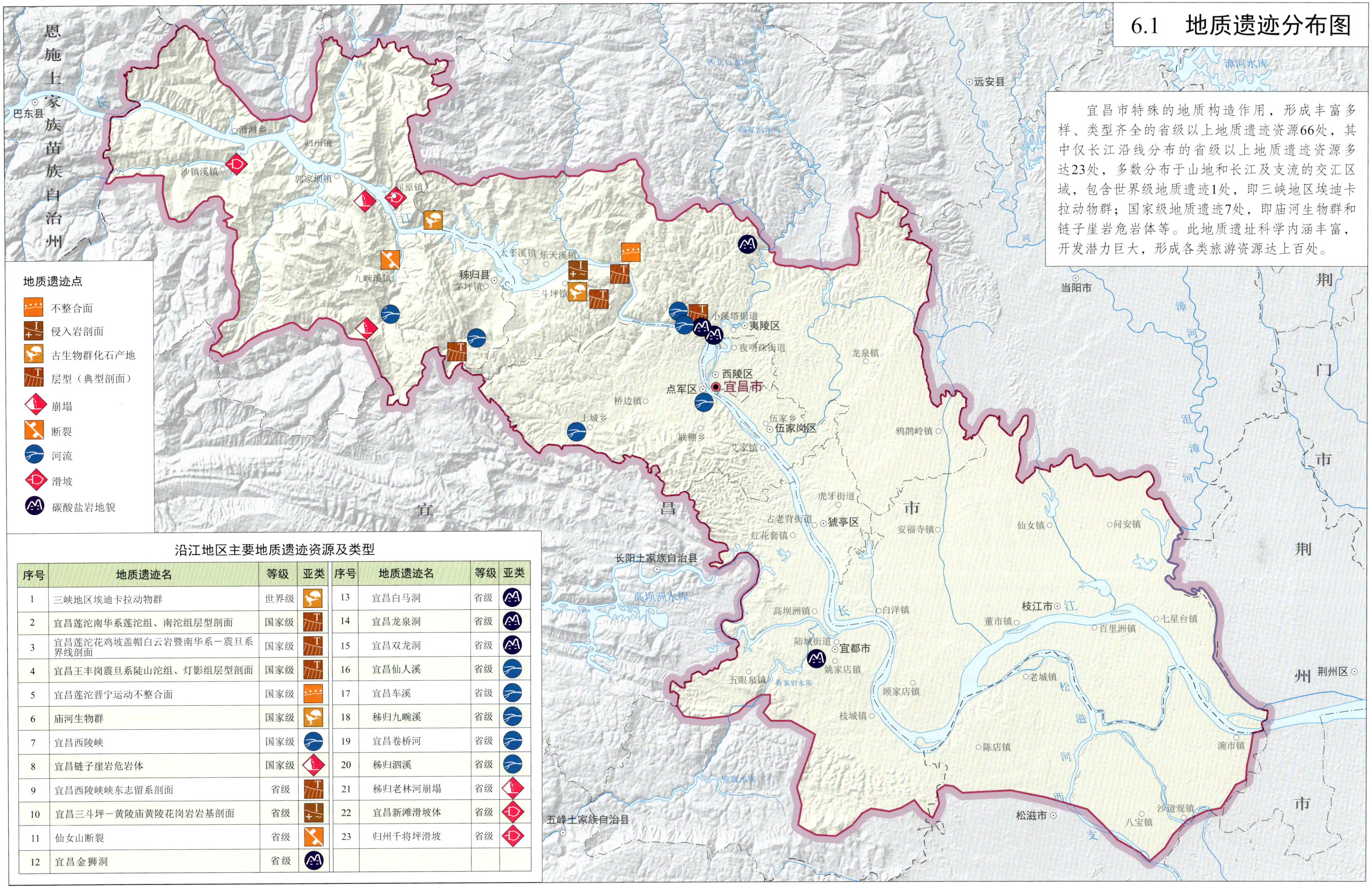

沿江地区主要地质遗迹资源及类型

序号	地质遗迹名	等级	亚类	序号	地质遗迹名	等级	亚类
1	三峡地区埃迪卡拉动物群	世界级	古生物群化石产地	13	宜昌白马洞	省级	碳酸盐岩地貌
2	宜昌莲沱南华系莲沱组、南沱组层型剖面	国家级	层型（典型剖面）	14	宜昌龙泉洞	省级	碳酸盐岩地貌
3	宜昌莲沱花鸡坡盖帽白云岩暨南华系一震旦系界线剖面	国家级	层型（典型剖面）	15	宜昌双龙洞	省级	碳酸盐岩地貌
4	宜昌王丰岗震旦系陡山沱组、灯影组层型剖面	国家级	层型（典型剖面）	16	宜昌仙人溪	省级	河流
5	宜昌莲沱晋宁运动不整合面	国家级	不整合面	17	宜昌车溪	省级	河流
6	庙河生物群	国家级	古生物群化石产地	18	秭归九畹溪	省级	河流
7	宜昌西陵峡	国家级	河流	19	宜昌卷桥河	省级	河流
8	宜昌链子崖岩危岩体	国家级	崩塌	20	秭归泗溪	省级	河流
9	宜昌西陵峡峡东志留系剖面	省级	层型（典型剖面）	21	秭归老林河崩塌	省级	崩塌
10	宜昌三斗坪一黄陵庙黄陵花岗岩岩基剖面	省级	侵入岩剖面	22	宜昌新滩滑坡体	省级	滑坡
11	仙女山断裂	省级	断裂	23	归州千将坪滑坡	省级	滑坡
12	宜昌金狮洞	省级	碳酸盐岩地貌				

资料来源：湖北地质遗迹调查旅游开发公报，已公开发表文献整理而得。

1∶500 000　0　5　10　15 km

6.2 旅游资源分布图

宜昌市旅游资源独具特色，现有4个AAAAA级旅游景区，位居全国城市第四，在全国地级市中仅次于苏州市，与洛阳市并列第二，进入国家重点旅游城市行列。4个AAAAA级景区中有3个沿长江流域分布，其中既有以长江三峡人家风景区为代表的秀丽的自然风光，又有丰富的人文景观，如屈原故里等众多历史文化遗址，还有以三峡大坝为代表的宏伟现代建筑工程，开发潜力巨大。宜昌市其他旅游景点也多沿长江流域两岸分布，集中于中部秭归县、宜昌市夷陵区和西陵区等地。

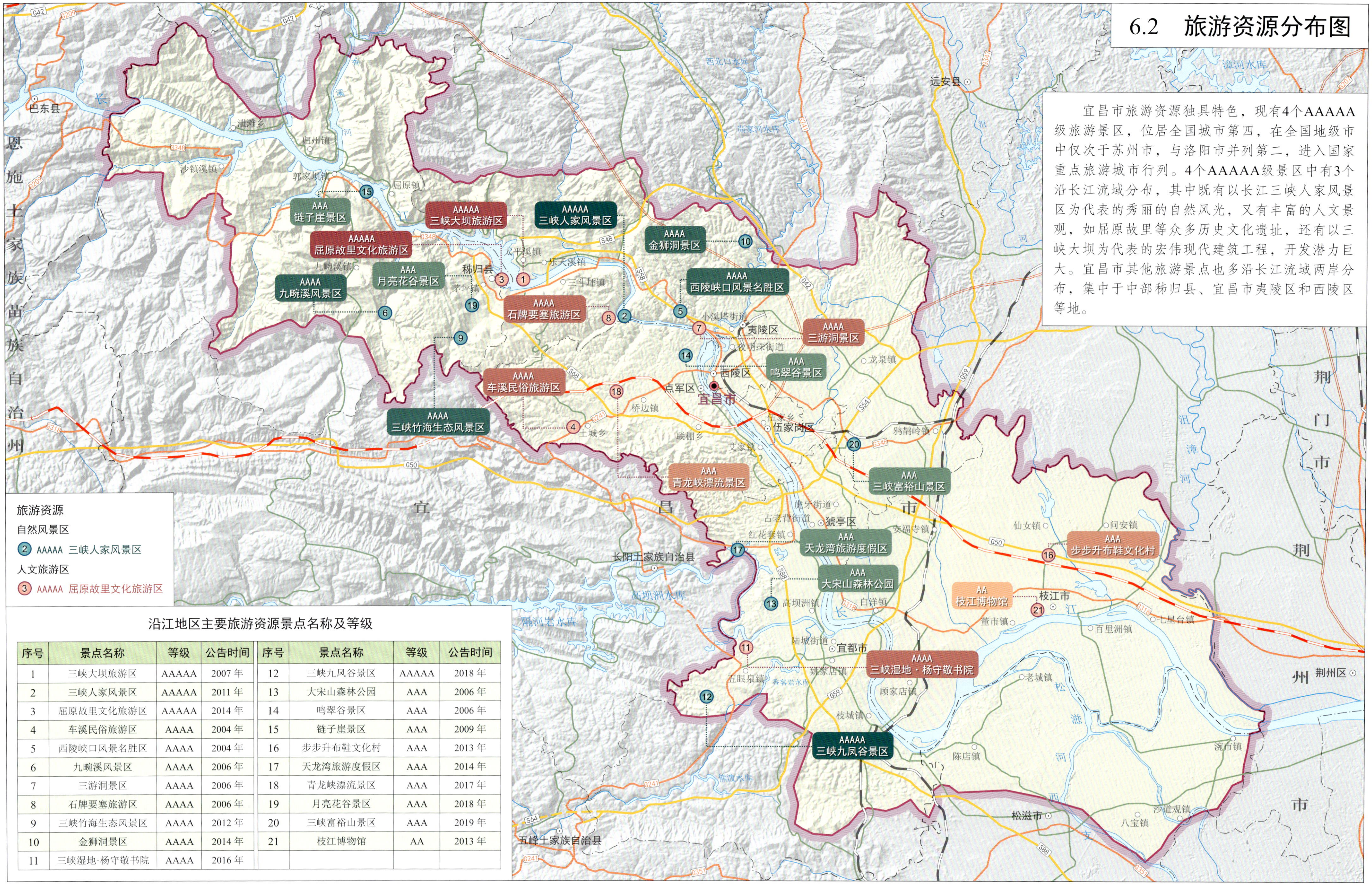

沿江地区主要旅游资源景点名称及等级

序号	景点名称	等级	公告时间	序号	景点名称	等级	公告时间
1	三峡大坝旅游区	AAAAA	2007 年	12	三峡九凤谷景区	AAAAA	2018 年
2	三峡人家风景区	AAAAA	2011 年	13	大宋山森林公园	AAA	2006 年
3	屈原故里文化旅游区	AAAAA	2014 年	14	鸣翠谷景区	AAA	2006 年
4	车溪民俗旅游区	AAAA	2004 年	15	链子崖景区	AAA	2009 年
5	西陵峡口风景名胜区	AAAA	2004 年	16	步步升布鞋文化村	AAA	2013 年
6	九畹溪风景区	AAAA	2006 年	17	天龙湾旅游度假区	AAA	2014 年
7	三游洞景区	AAAA	2006 年	18	青龙峡漂流景区	AAA	2017 年
8	石牌要塞旅游区	AAAA	2006 年	19	月亮花谷景区	AAA	2018 年
9	三峡竹海生态风景区	AAAA	2012 年	20	三峡富裕山景区	AAA	2019 年
10	金狮洞景区	AAAA	2014 年	21	枝江博物馆	AA	2013 年
11	三峡湿地·杨守敬书院	AAAA	2016 年				

资料来源：湖北地质遗迹调查旅游开发公报，已公开发表文献整理而得。

1∶500 000　0　5　10　15 km

6.3 G348大坝-城区地质走廊

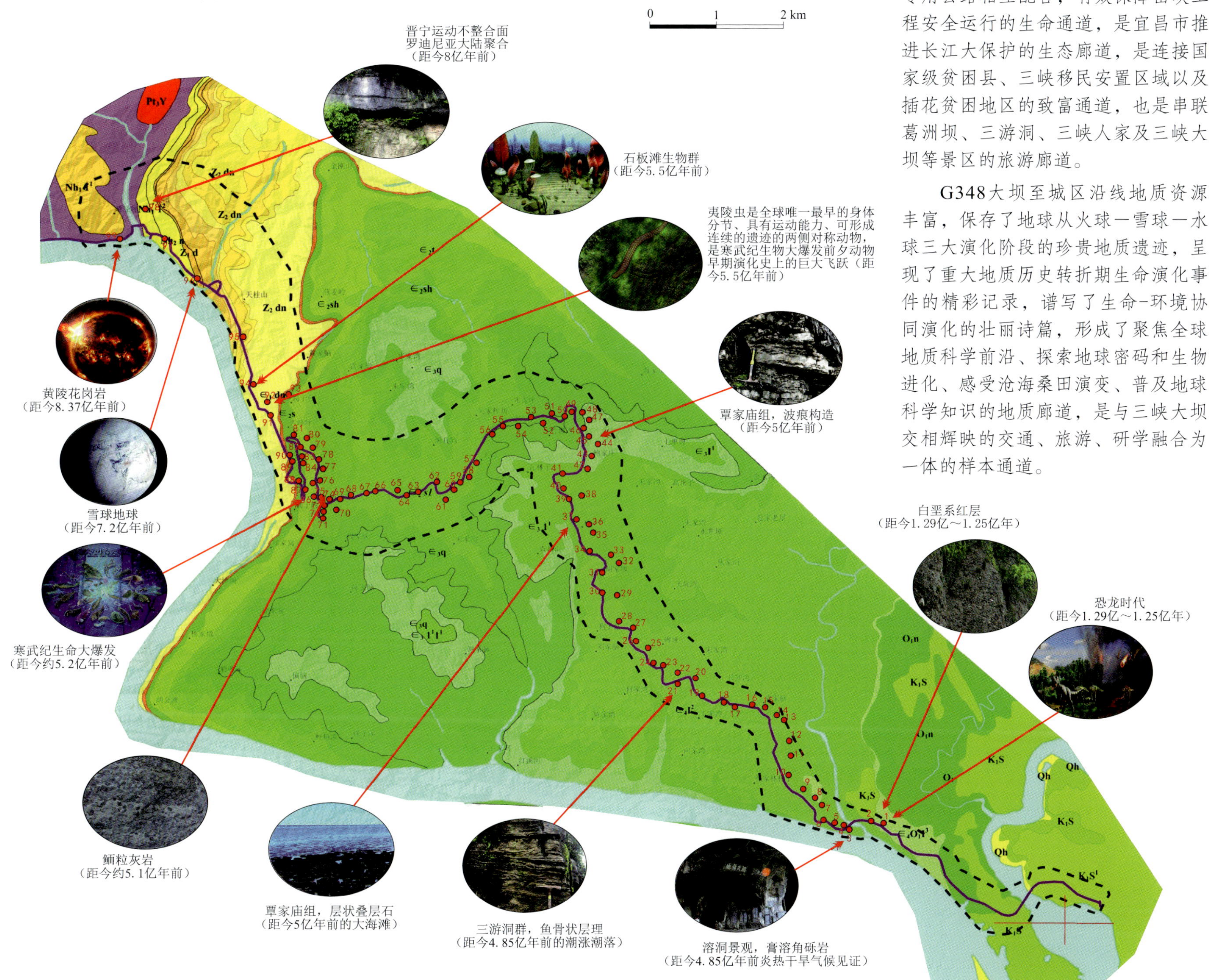

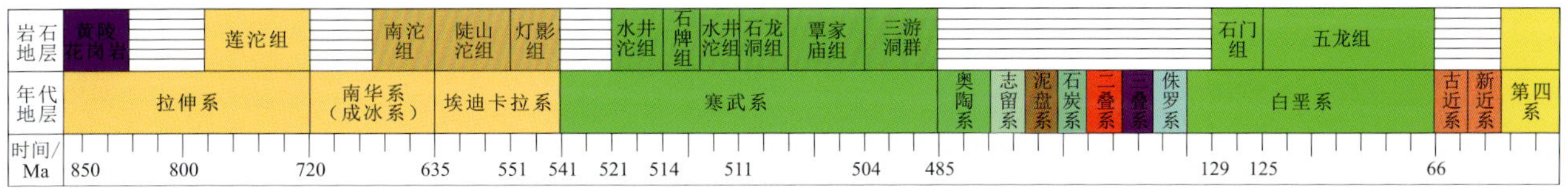

G348大坝至城区段，是与三峡专用公路相互配合，有效保障山峡工程安全运行的生命通道，是宜昌市推进长江大保护的生态廊道，是连接国家级贫困县、三峡移民安置区域以及插花贫困地区的致富通道，也是串联葛洲坝、三游洞、三峡人家及三峡大坝等景区的旅游廊道。

G348大坝至城区沿线地质资源丰富，保存了地球从火球—雪球—水球三大演化阶段的珍贵地质遗迹，呈现了重大地质历史转折期生命演化事件的精彩记录，谱写了生命-环境协同演化的壮丽诗篇，形成了聚焦全球地质科学前沿、探索地球密码和生物进化、感受沧海桑田演变、普及地球科学知识的地质廊道，是与三峡大坝交相辉映的交通、旅游、研学融合为一体的样本通道。

点号	系	群 / 组	距今时限 /（亿年）	主要说明
1	白垩系	石门组	1.29 ~ 1.25	冲洪积，陆相湿热气候
2	寒武系	三游洞群	5.09 ~ 4.85	刀砍纹，野外白云岩的识别标志
3	寒武系	三游洞群	5.09 ~ 4.85	膏溶角砾岩，炎热干旱气候见证
4 ~ 21	寒武系	三游洞群	5.09 ~ 4.85	鱼骨状层理，4.85 亿年前的潮涨潮落
22 ~ 24	寒武系	三游洞群	5.09 ~ 4.85	缝合线，沉积压溶作用
25 ~ 28	寒武系	三游洞群	5.09 ~ 4.85	观察斜层理，叠层石，砾屑，浅水沉积结构
29 ~ 32	寒武系	三游洞群	5.09 ~ 4.85	潮坪序列，潮起潮落
33 ~ 36	寒武系	三游洞群	5.09 ~ 4.85	颗粒白云岩—泥晶白云岩组成的序列，海平面下降
37	寒武系	覃家庙组	5.09 ~ 5.04	层状叠层石，5 亿年前大海滩
38	寒武系	覃家庙组	5.09 ~ 5.04	潮坪序列
39	寒武系	覃家庙组	5.09 ~ 5.04	薄层白云岩层面的波痕构造，潮间带
40	寒武系	覃家庙组	5.09 ~ 5.04	薄层白云岩—薄层白云质泥岩组成的潮坪序列
41	寒武系	覃家庙组	5.09 ~ 5.04	长石石英砂岩，砂质海滨
42 ~ 45	寒武系	覃家庙组	5.09 ~ 5.04	波痕构造，潮间带，见证潮起潮落
46 ~ 48	寒武系	覃家庙组	5.09 ~ 5.04	岩溶角砾岩
49 ~ 55	寒武系	覃家庙组	5.09 ~ 5.04	泥质白云岩颗粒灰岩界线，见证海平面变化
56	寒武系	石龙洞组与覃家庙组界线	5.09	中厚层白云岩 / 薄层泥质云岩界线，见证海平面变化
57 ~ 64	寒武系	石龙洞组	5.11 ~ 5.09	雪花构造，溶孔白云岩，浅水标志
65	寒武系	石龙洞组	5.11 ~ 5.09	中厚层白云岩 / 薄层泥质云岩界线
66 ~ 68	寒武系	石龙洞组	5.11 ~ 5.09	雪花构造，后期方解石充填，浅水标志
69	寒武系	石龙洞组	5.11 ~ 5.09	溶孔白云岩，浅水标志
70	寒武系	天河板组与石龙洞组界线	5.11	灰岩 / 白云岩岩性分界，沉积相变，海平面下降
71	寒武系	天河板组	5.13 ~ 5.11	泥质条带灰岩（摩崖石刻处）
72	寒武系	天河板组	5.13 ~ 5.11	风暴沉积，由多层中层砾屑灰岩组成，并发育粒序层理
73	寒武系	天河板组	5.13 ~ 5.11	核形石
74	寒武系	天河板组	5.13 ~ 5.11	底部斜层理，丘状交错层理
75	寒武系	石牌组与天河板组界线	5.13	天河板组底部粒灰岩，清澈温暖动荡海水环境
76	寒武系	石牌组	5.14 ~ 5.13	粉砂岩，丰富遗迹化石，底域缺氧
77	寒武系	水井沱组	5.21 ~ 5.14	黑色页岩，深水环境，底域缺氧
78	埃迪卡拉系	灯影组白马沱段 / 天柱山段界线	5.41	天柱山段小壳化石出现
79	寒武系	水井沱组	5.21 ~ 5.14	水井沱组 / 天柱山段界线，水井沱组锅底灰岩，沉积分异
80	寒武系	水井沱组	5.21 ~ 5.14	纹层状灰岩
81	寒武系	水井沱组 / 石牌组界线	5.14	黑色页岩与粉砂质泥岩的界线，海平面下降
82	寒武系	石牌组	5.14 ~ 5.13	黄绿色页岩，浅水环境
83 ~ 87	寒武系	水井沱组	5.21 ~ 5.14	寒武纪生命大爆发（距今约 5.2 亿年前）
88	埃迪卡拉系	灯影组	5.51 ~ 5.41	白马沱段叠层石
89	埃迪卡拉系	灯影组	5.51 ~ 5.41	白马沱段泥晶白云岩，藻纹层
90	埃迪卡拉系	灯影组	5.51 ~ 5.41	石板滩段 / 白马沱段界线，厚层与薄层白云岩界线
91	埃迪卡拉系	灯影组	5.51 ~ 5.41	石板滩段 / 白马沱段界线，清晰的厚层与薄层白云岩界线
92	埃迪卡拉系	灯影组	5.51 ~ 5.41	石板滩生物群
93	埃迪卡拉系	灯影组	5.51 ~ 5.41	石板滩生物群
94	埃迪卡拉系	灯影组	5.51 ~ 5.41	蛤蟆井段，观察鲕粒滩
95	埃迪卡拉系	陡山沱组	6.35 ~ 5.51	地球回暖，海平面上升，后生动物起源
96	南华系	南沱组	7.20 ~ 6.35	冰碛砾岩《雪暖地球》
97	南华系	南沱组	7.20 ~ 6.35	冰碛砾岩《雪暖地球》
98	拉伸系	莲沱组	7.80 ~ 7.20	晋宁运动不整合面，罗迪尼亚大陆聚合
99	拉伸系		8.37	黄陵花岗岩（距今 8.37 亿年前）

资料来源：中国地质调查局武汉地质调查中心。

7 资源环境承载能力与国土空间开发适宜性评价

7.1 生态保护功能指向的承载等级

通过对区域动植物多样性、环境资源数据、生态系统类型、数字高程模型（DEM）、年平均降水量等数据评价得到生态系统服务功能重要性；通过对DEM、降水量、土壤质地、地表覆盖数据、石漠化监测数据评价得到生态敏感性。采用就高原则对生态系统服务功能重要性、生态敏感性进行集成，再通过生态斑块的集中度和生态廊道与生态系统景观格局进行修正，最后得到生态保护功能指向的承载等级，划分为高、较高、中等、较低、低5个等级。

沿江地区高等级区域集中分布于山区的泄滩乡—归州镇—带及太平溪镇—乐天溪镇一带；较高和中等等级区域集中分布于中部的秭归县、点军区和夷陵区；较低和低等级区域集中分布于东南部平原区的枝江市和松滋市。

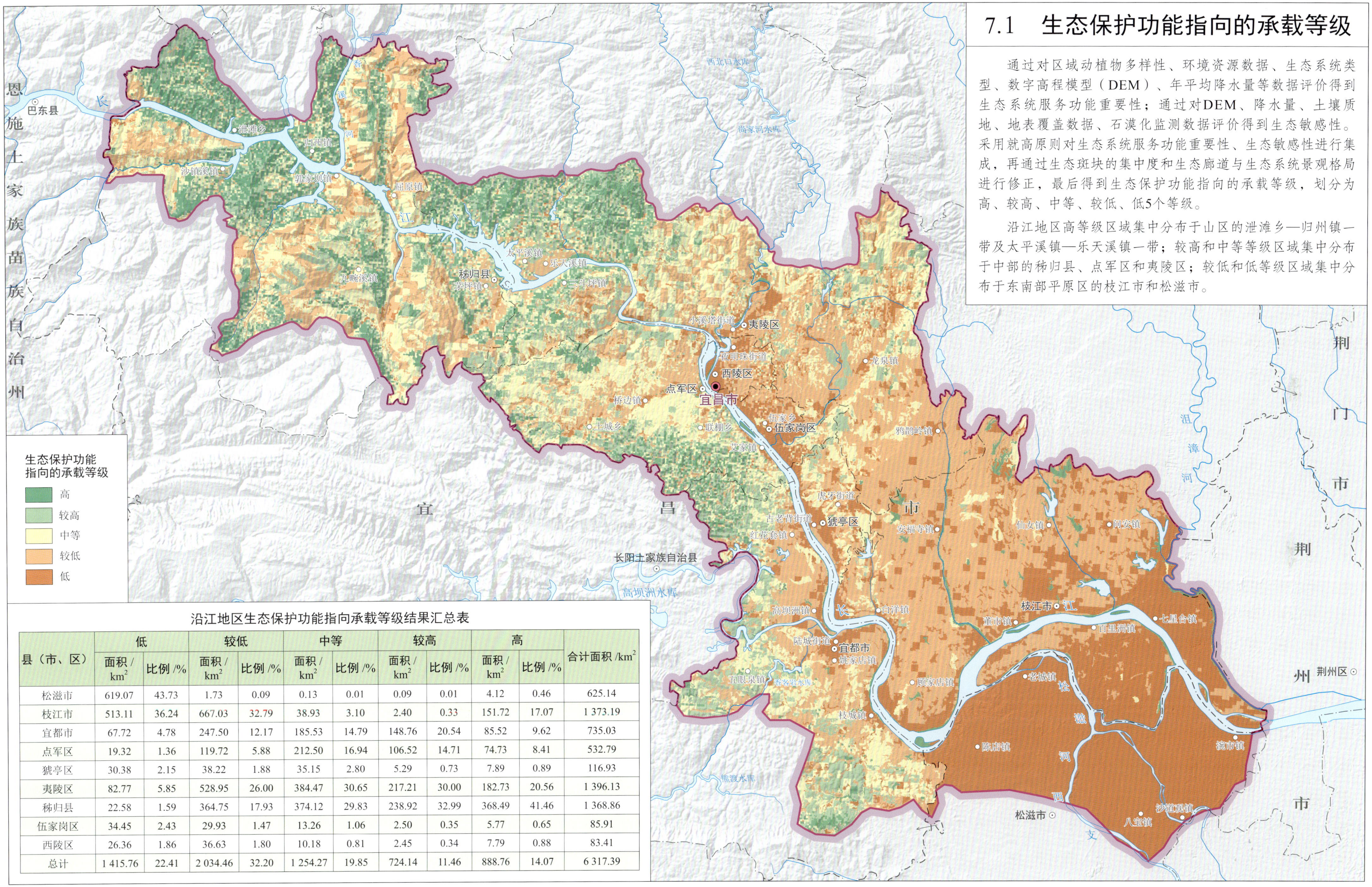

沿江地区生态保护功能指向承载等级结果汇总表

县（市、区）	低		较低		中等		较高		高		合计面积 /km²
	面积 / km²	比例 /%	面积 / km²	比例 /%	面积 / km²	比例 /%	面积 / km²	比例 /%	面积 / km²	比例 /%	
松滋市	619.07	43.73	1.73	0.09	0.13	0.01	0.09	0.01	4.12	0.46	625.14
枝江市	513.11	36.24	667.03	32.79	38.93	3.10	2.40	0.33	151.72	17.07	1 373.19
宜都市	67.72	4.78	247.50	12.17	185.53	14.79	148.76	20.54	85.52	9.62	735.03
点军区	19.32	1.36	119.72	5.88	212.50	16.94	106.52	14.71	74.73	8.41	532.79
猇亭区	30.38	2.15	38.22	1.88	35.15	2.80	5.29	0.73	7.89	0.89	116.93
夷陵区	82.77	5.85	528.95	26.00	384.47	30.65	217.21	30.00	182.73	20.56	1 396.13
秭归县	22.58	1.59	364.75	17.93	374.12	29.83	238.92	32.99	368.49	41.46	1 368.86
伍家岗区	34.45	2.43	29.93	1.47	13.26	1.06	2.50	0.35	5.77	0.65	85.91
西陵区	26.36	1.86	36.63	1.80	10.18	0.81	2.45	0.34	7.79	0.88	83.41
总计	1 415.76	22.41	2 034.46	32.20	1 254.27	19.85	724.14	11.46	888.76	14.07	6 317.39

资料来源：中国地质调查局遥感数据、宜昌市自然资源和规划局、宜昌市林业局、宜昌市地理信息中心。

7.2 农业生产功能指向的承载等级

通过对DEM、土壤质地、降雨量、日平均气温大于0℃活动积温进行评价，得到农业耕作条件、农业供水条件和光热条件。基于农业耕作条件、农业供水条件和光热条件，初步确定农业生产功能指向承载等级。根据土壤环境容量、气象灾害风险对初步评价结果进行修正，对于土壤环境容量评价结果为最低值的，将初步评价结果下降两个等级；对于气象灾害风险性高的国土空间，将初步评价结果为高的调整为较高等级。修正后，计算得到农业功能指向的承载等级结果，划分为高、较高、中等、较低、低5个等级。

沿江地区高等级土地面积约为2 611.62 km^2，集中分布于东部平原区的松滋市和枝江市；较高等级土地面积约为1 298.13 km^2，集中分布于中部丘陵区的点军区、西陵区、伍家岗区和猇亭区；中等等级土地面积约为389.34 km^2，在秭归县中部相对集中分布；较低等级土地面积约为219.14 km^2，主要在秭归县山区零散分布；低等级土地面积约为1 799.16 km^2，主要集中分布于秭归县屈原镇—郭家坝镇—九畹溪镇一带。

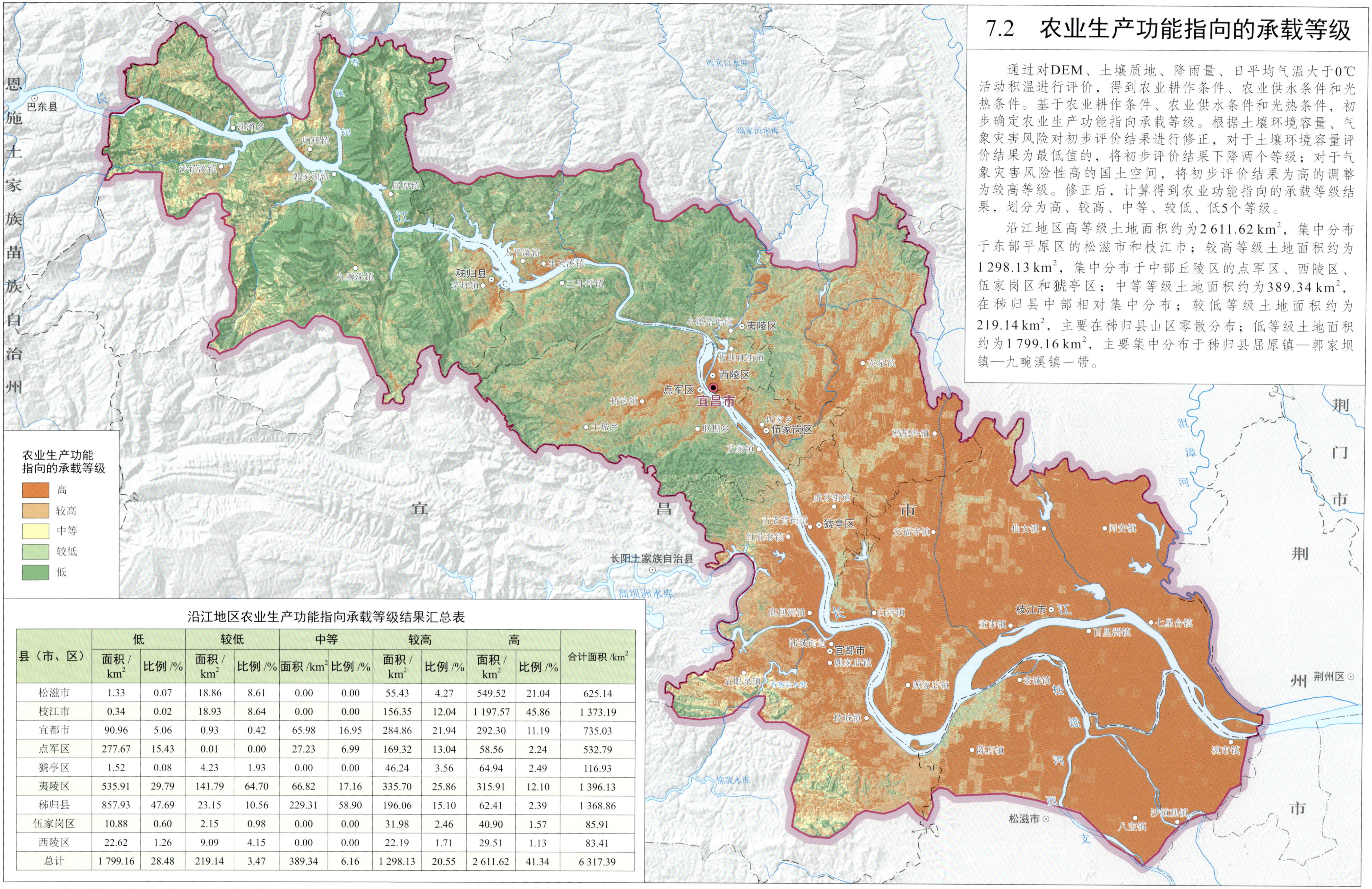

沿江地区农业生产功能指向承载等级结果汇总表

县（市、区）	低		较低		中等		较高		高		合计面积 /km^2
	面积 /km^2	比例 /%	面积 /km^2	比例 /%	面积 /km^2	比例 /%	面积 /km^2	比例 /%	面积 /km^2	比例 /%	
松滋市	1.33	0.07	18.86	8.61	0.00	0.00	55.43	4.27	549.52	21.04	625.14
枝江市	0.34	0.02	18.93	8.64	0.00	0.00	156.35	12.04	1 197.57	45.86	1 373.19
宜都市	90.96	5.06	0.93	0.42	65.98	16.95	284.86	21.94	292.30	11.19	735.03
点军区	277.67	15.43	0.01	0.00	27.23	6.99	169.32	13.04	58.56	2.24	532.79
猇亭区	1.52	0.08	4.23	1.93	0.00	0.00	46.24	3.56	64.94	2.49	116.93
夷陵区	535.91	29.79	141.79	64.70	66.82	17.16	335.70	25.86	315.91	12.10	1 396.13
秭归县	857.93	47.69	23.15	10.56	229.31	58.90	196.06	15.10	62.41	2.39	1 368.86
伍家岗区	10.88	0.60	2.15	0.98	0.00	0.00	31.98	2.46	40.90	1.57	85.91
西陵区	22.62	1.26	9.09	4.15	0.00	0.00	22.19	1.71	29.51	1.13	83.41
总计	1 799.16	28.48	219.14	3.47	389.34	6.16	1 298.13	20.55	2 611.62	41.34	6 317.39

资料来源：中国地质调查局遥感数据、宜昌市自然资源和规划局、宜昌市林业局、宜昌市地理信息中心。

7.3 城镇建设功能指向的承载等级

通过对DEM、地表水、地下水资源量进行评价得到城镇建设条件和城镇供水条件。基于城镇建设和城镇供水条件，初步确定城镇建设功能指向的承载等级。根据水环境容量、大气环境容量和地质灾害危险性对初步评价结果进行修正，对于水、气环境容量评价结果为最低值、次低值的，将初步评价结果分别下调2个等级、1个等级。对于初步评价结果为高和较高等级，但地质灾害危险性高的国土空间，将其调整为中等等级；对于初步评价结果为高等级，但地质灾害危险性较高的，将其调整为较高等级。修正后，计算得到城镇功能指向的承载等级结果，划分为高、较高、中等、较低、低5个等级。

沿江地区城镇建设承载等级以低等级和高等级为主，低等级土地面积约为2 416.05 km²，集中分布于西北部山区的秭归县；高等级土地面积约为2 602.66 km²，集中分布于东南部平原区的松滋市和枝江市；较高等级土地面积约为715.61 km²，集中分布于宜都市西部、西陵区、夷陵区东南部等地；中等和较低等级土地面积较少，在区内零散分布。

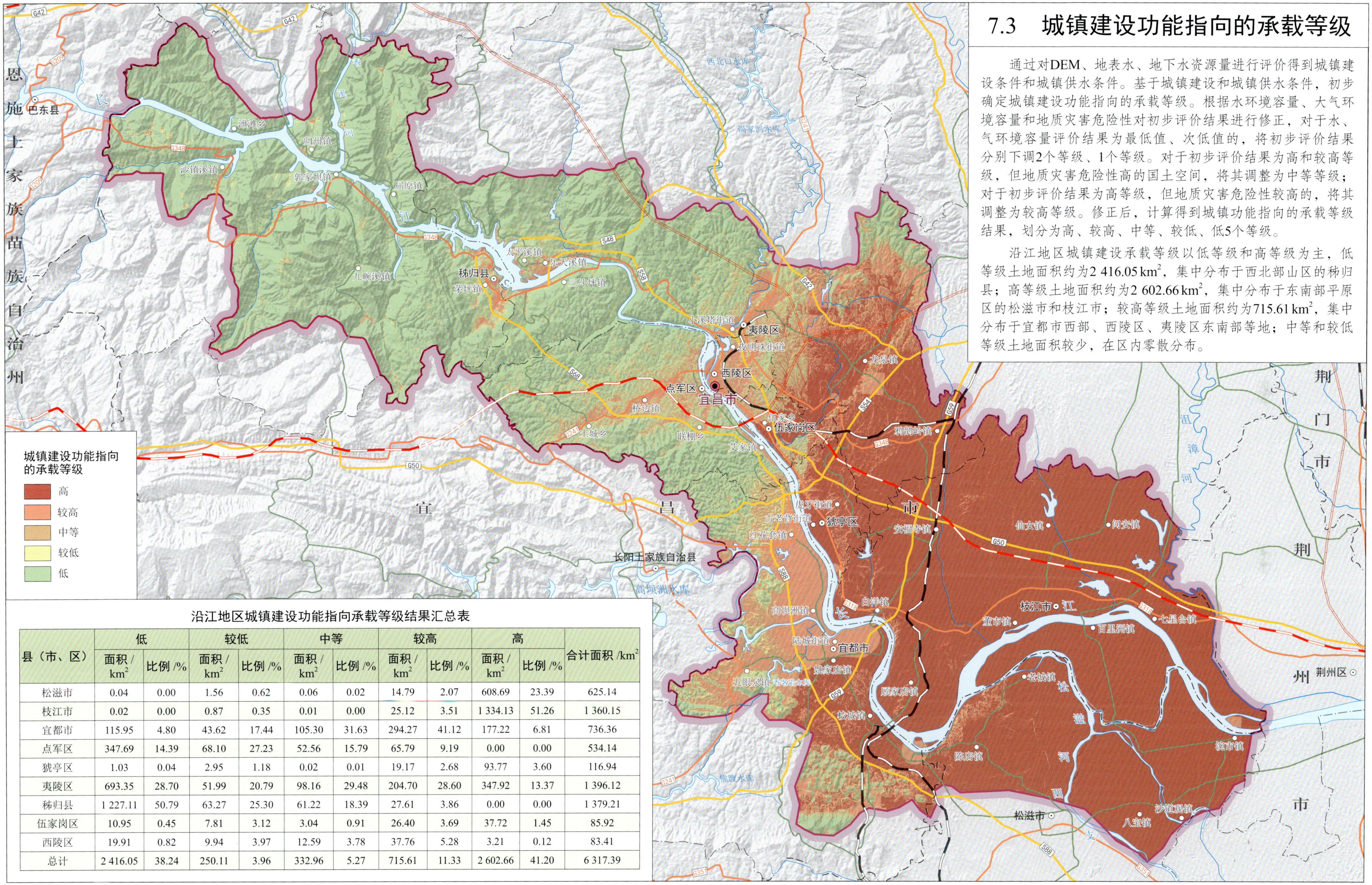

沿江地区城镇建设功能指向承载等级结果汇总表

县（市、区）	低		较低		中等		较高		高		合计面积 /km²
	面积 / km²	比例 /%	面积 / km²	比例 /%	面积 / km²	比例 /%	面积 / km²	比例 /%	面积 / km²	比例 /%	
松滋市	0.04	0.00	1.56	0.62	0.06	0.02	14.79	2.07	608.69	23.39	625.14
枝江市	0.02	0.00	0.87	0.35	0.01	0.00	25.12	3.51	1 334.13	51.26	1 360.15
宜都市	115.95	4.80	43.62	17.44	105.30	31.63	294.27	41.12	177.22	6.81	736.36
点军区	347.69	14.39	68.10	27.23	52.56	15.79	65.79	9.19	0.00	0.00	534.14
猇亭区	1.03	0.04	2.95	1.18	0.02	0.01	19.17	2.68	93.77	3.60	116.94
夷陵区	693.35	28.70	51.99	20.79	98.16	29.48	204.70	28.60	347.92	13.37	1 396.12
秭归县	1 227.11	50.79	63.27	25.30	61.22	18.39	27.61	3.86	0.00	0.00	1 379.21
伍家岗区	10.95	0.45	7.81	3.12	3.04	0.91	26.40	3.69	37.72	1.45	85.92
西陵区	19.91	0.82	9.94	3.97	12.59	3.78	37.76	5.28	3.21	0.12	83.41
总计	2 416.05	38.24	250.11	3.96	332.96	5.27	715.61	11.33	2 602.66	41.20	6 317.39

资料来源：中国地质调查局遥感数据、宜昌市自然资源和规划局、宜昌市林业局、宜昌市地理信息中心。

7.4 生态保护重要性评价

根据生态保护功能指向的承载等级评价结果，扣除水域面后，确定生态保护极重要区、重要区的备选区域。将生态保护重要性等级高的空间单元作为生态保护极重要区的备选区域；将生态保护重要性较高、中等、较低的空间单元作为生态保护重要区的备选区域；将生态保护重要性等级为低的空间单元直接划定为生态保护一般区。通过将邻近的图斑聚合为相对完整连片的地块，分别对生态保护极重要备选区和重要备选区进行聚合操作，聚合距离采用90 m，根据斑块集中度评价分级参考阈值将斑块集中度分为低、较低、一般、较高、高5个等级。按照斑块集中度与生态保护重要性参考判别矩阵，进一步确定生态保护极重要区、重要区和一般区。

沿江地区生态保护极重要区面积为596.15 km^2，集中分布于西北部山区的泄滩乡、归州镇和郭家坝镇一带及太平溪镇等地；重要区面积为3 817.16 km^2，集中分布于中部的丘陵区；一般区面积为1 904.08 km^2，在东部平原区的枝江市、当阳市和长江沿岸均有分布。

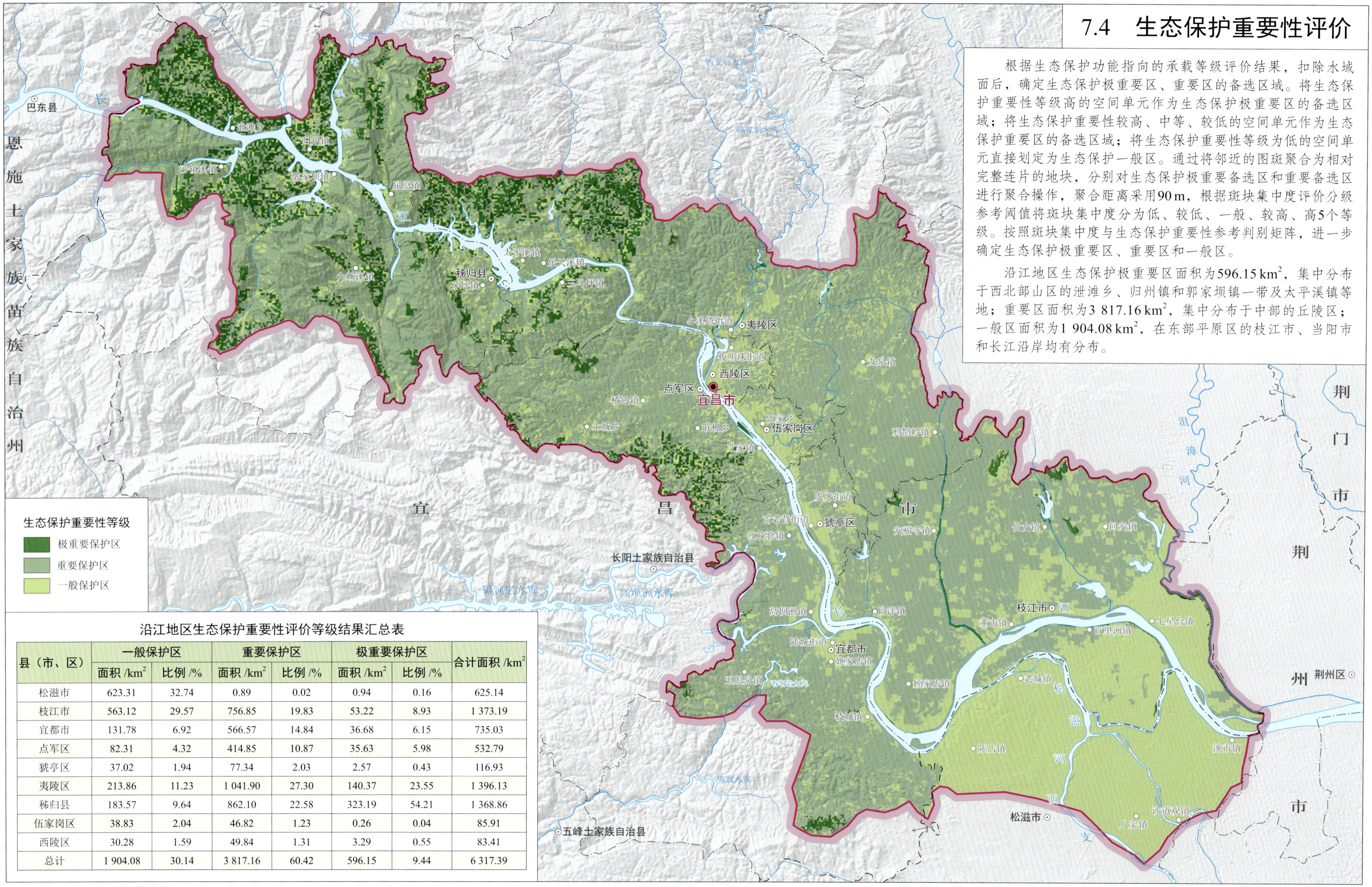

沿江地区生态保护重要性评价等级结果汇总表

县（市、区）	一般保护区		重要保护区		极重要保护区		合计面积 /km^2
	面积 /km^2	比例 /%	面积 /km^2	比例 /%	面积 /km^2	比例 /%	
松滋市	623.31	32.74	0.89	0.02	0.94	0.16	625.14
枝江市	563.12	29.57	756.85	19.83	53.22	8.93	1 373.19
宜都市	131.78	6.92	566.57	14.84	36.68	6.15	735.03
点军区	82.31	4.32	414.85	10.87	35.63	5.98	532.79
猇亭区	37.02	1.94	77.34	2.03	2.57	0.43	116.93
夷陵区	213.86	11.23	1 041.90	27.30	140.37	23.55	1 396.13
秭归县	183.57	9.64	862.10	22.58	323.19	54.21	1 368.86
伍家岗区	38.83	2.04	46.82	1.23	0.26	0.04	85.91
西陵区	30.28	1.59	49.84	1.31	3.29	0.55	83.41
总计	1 904.08	30.14	3 817.16	60.42	596.15	9.44	6 317.39

资料来源：中国地质调查局遥感数据、宜昌市自然资源和规划局、宜昌市林业局、宜昌市地理信息中心。

7.5 农业生产适宜性评价

根据农业生产承载等级，确定农业生产适宜区、一般适宜区的备选区域。将农业生产承载等级高、较高的空间单元作为农业生产适宜区的备选区域；将农业生产承载等级较高、中等、较低的空间单元作为农业生产一般适宜区的备选区域；将农业生产承载等级低的空间单元直接划定为农业生产不适宜区。根据地块连片度初步确定农业生产适宜性等级，地块连片度计算时，聚合距离采用90 m。按照农业生产承载等级与地块连片度判别矩阵，进一步划分农业生产适宜区、一般适宜区和不适宜区。

沿江地区农业生产适宜性等级空间分布特征，与生态保护重要性大致相反。适宜等级的土地面积为1 924.86 km²，在东南部平原区、长江沿岸等地均有分布；一般适宜等级的土地面积为553.56 km²，在各县（市、区）均有零散分布；不适宜等级的土地面积为3 838.97 km²，集中分布在西北部山区及宜昌城区。

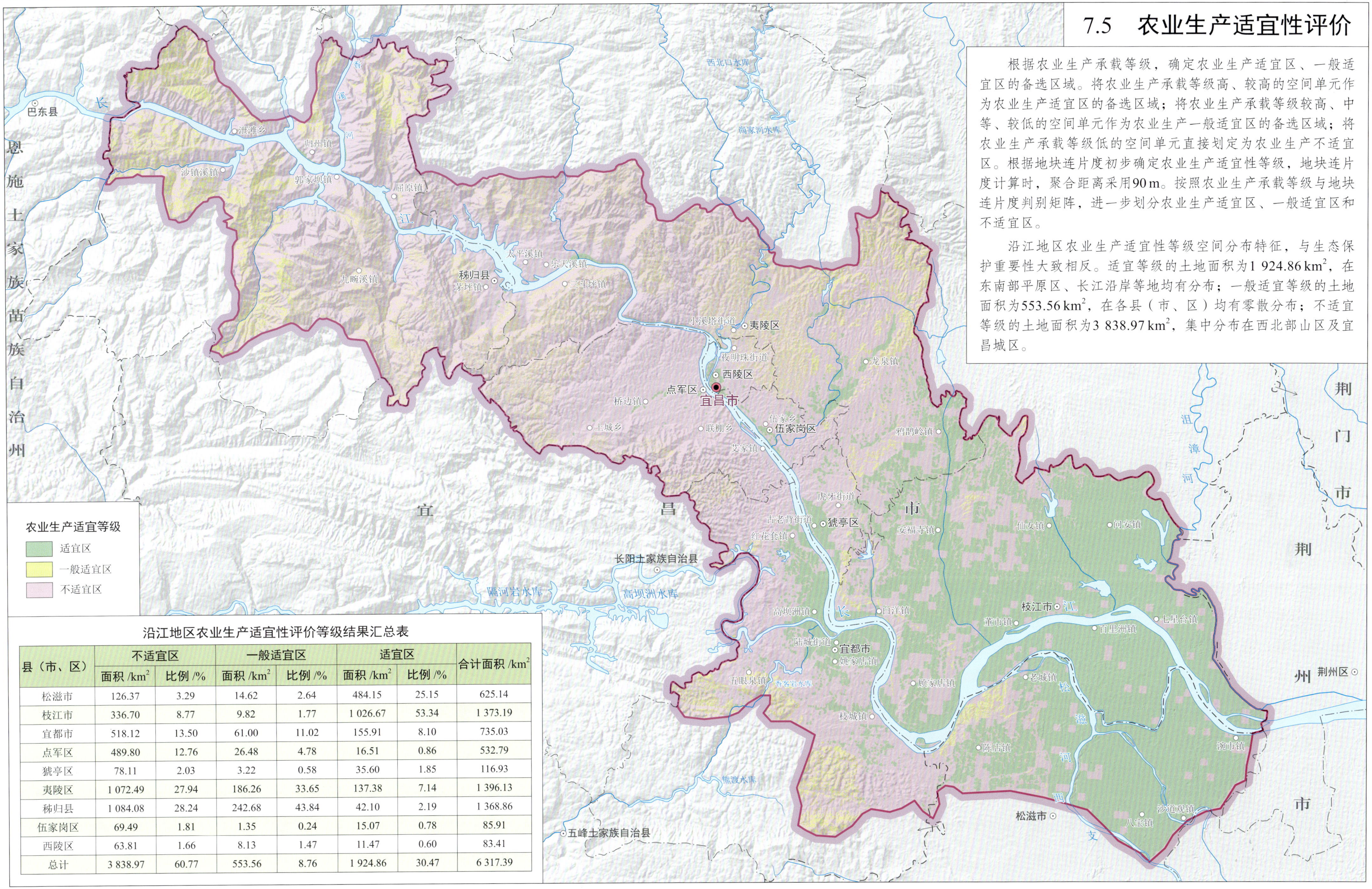

沿江地区农业生产适宜性评价等级结果汇总表

县（市、区）	不适宜区		一般适宜区		适宜区		合计面积 /km²
	面积 /km²	比例 /%	面积 /km²	比例 /%	面积 /km²	比例 /%	
松滋市	126.37	3.29	14.62	2.64	484.15	25.15	625.14
枝江市	336.70	8.77	9.82	1.77	1 026.67	53.34	1 373.19
宜都市	518.12	13.50	61.00	11.02	155.91	8.10	735.03
点军区	489.80	12.76	26.48	4.78	16.51	0.86	532.79
猇亭区	78.11	2.03	3.22	0.58	35.60	1.85	116.93
夷陵区	1 072.49	27.94	186.26	33.65	137.38	7.14	1 396.13
秭归县	1 084.08	28.24	242.68	43.84	42.10	2.19	1 368.86
伍家岗区	69.49	1.81	1.35	0.24	15.07	0.78	85.91
西陵区	63.81	1.66	8.13	1.47	11.47	0.60	83.41
总计	3 838.97	60.77	553.56	8.76	1 924.86	30.47	6 317.39

资料来源：中国地质调查局遥感数据、宜昌市自然资源和规划局、宜昌市林业局、宜昌市地理信息中心。

1 : 500 000　0　5　10　15 km

7.6 城镇建设适宜性评价

根据城镇建设承载等级，确定城镇建设适宜区、一般适宜区的备选区域。将城镇建设承载等级高、较高的空间单元作为城镇建设适宜区的备选区域；将城镇建设承载较高、中等、较低的空间单元作为城镇建设一般适宜区的备选区域；将城镇建设承载低的空间单元直接划定为城镇建设不适宜区。根据地块集中度初步确定城镇建设适宜性等级，地块集中度计算时，聚合距离采用90 m。按照城镇建设城镇等级与地块集中度判别矩阵，进一步划分城镇建设适宜区、一般适宜区和不适宜区。根据综合优势度修正城镇建设适宜性分区。对综合优势度评价结果为低的地块，将初划适宜性分区结果均划分为不适宜区；对结果为较低的地块，将初划结果下调一级；对结果为高的地块，将适宜性分区初划结果中的一般适宜区上调一级为适宜区。

沿江地区城镇建设适宜等级的土地面积为2 427.23 km^2，集中分布于东南部平原区；一般适宜等级的土地面积为274.37 km^2，在各县（市、区）零星分布；不适宜等级的土地面积为3 615.79 km^2，在西北部山区大面积分布。

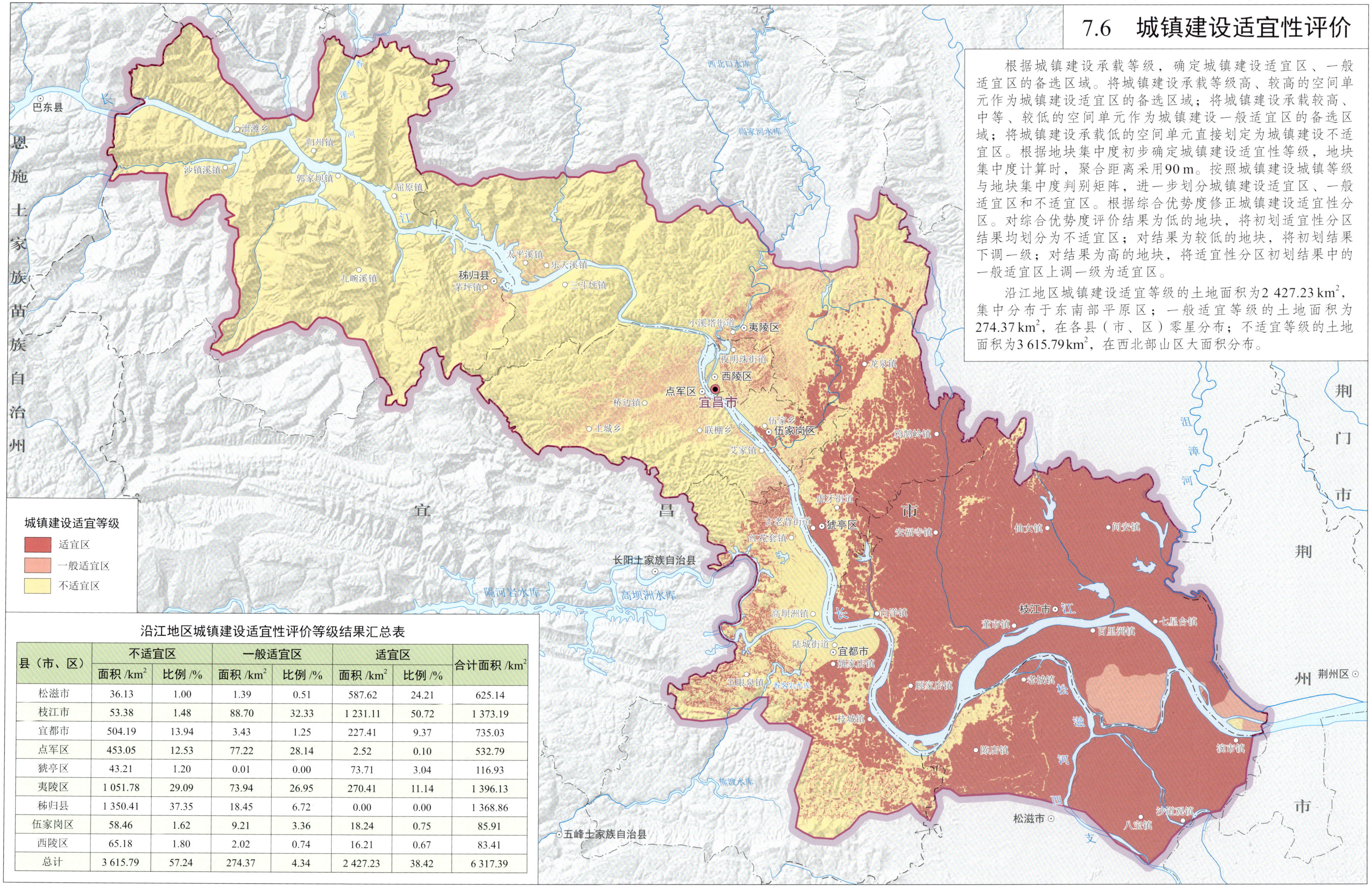

沿江地区城镇建设适宜性评价等级结果汇总表

县（市、区）	不适宜区		一般适宜区		适宜区		合计面积 /km^2
	面积 /km^2	比例 /%	面积 /km^2	比例 /%	面积 /km^2	比例 /%	
松滋市	36.13	1.00	1.39	0.51	587.62	24.21	625.14
枝江市	53.38	1.48	88.70	32.33	1 231.11	50.72	1 373.19
宜都市	504.19	13.94	3.43	1.25	227.41	9.37	735.03
点军区	453.05	12.53	77.22	28.14	2.52	0.10	532.79
猇亭区	43.21	1.20	0.01	0.00	73.71	3.04	116.93
夷陵区	1 051.78	29.09	73.94	26.95	270.41	11.14	1 396.13
秭归县	1 350.41	37.35	18.45	6.72	0.00	0.00	1 368.86
伍家岗区	58.46	1.62	9.21	3.36	18.24	0.75	85.91
西陵区	65.18	1.80	2.02	0.74	16.21	0.67	83.41
总计	3 615.79	57.24	274.37	4.34	2 427.23	38.42	6 317.39

资料来源：中国地质调查局遥感数据、宜昌市自然资源和规划局、宜昌市林业局、宜昌市地理信息中心。